머리말

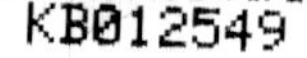

안녕하세요! 만화 그리는
초등학교 선생님, 옥이샘이에요.
하루 한 컷 만화와 함께하는
『옥이샘의 초등 문해력툰 365』로
속담, 관용어, 사자성어를
쉽고 재미있게 익혀 봐요.
초등 교육과정을 반영해 수록한
오늘의 어휘들을 실생활에 활용해서
매일 조금씩 더 풍부한
대화를 나눠 볼 수도 있을 거예요!

저자 소개

글 · 그림 옥이샘

아이들과 즐거운 학교생활을 하고 싶은 20년여 차 초등학교 선생님입니다.
직접 그린 만화를 활용한 수업 교구와 도서가 큰 호응을 얻어
전국의 많은 교실에서 옥이샘의 그림을 쉽게 찾아볼 수 있습니다.
지은 책으로는 『옥이샘 진로툰』, 『열한 살 감정툰』,
『옥이샘의 뚝딱 미술』, 『허쌤 & 옥이샘의 감정놀이』 등이 있습니다.

옥이샘의 교실 이야기 https://oktoon.net
유튜브 @ok_sam

주요 출연진 소개

떡장수 할머니와 호랑이

떡을 좋아하는 호랑이는 떡장수 할머니를 졸졸 따라다녀요. 나중에 할머니의 떡볶이 가게에 취직해서 할머니와 한 가족처럼 지내게 된답니다.

옥토끼

성실한 성격에 재치가 넘치는 토끼예요. 특별한 비밀을 숨기고 있는데, 그것이 무엇인지는 독자 여러분이 직접 확인해 보세요!

거북이

옥토끼와 여러모로 인연이 많답니다. 용궁에서는 자라 역할로 1인 2역을 맡아 이 만화에 출연하고 있어요.

펭귄과 북극곰

남극에 사는 펭귄과 북극에 사는 북극곰은 멀리 떨어져 있지만, 기후변화 위기를 막기 위해 함께 노력하고 있어요.

백설공주와 인어공주

어린 시절부터 함께 지낸 단짝이에요. 백설공주는 유기농 사과 재배에 관심이 많고, 인어공주는 바다 환경을 지키기 위해 노력한답니다.

외계인

지구 여행을 온 관광객이에요. 외계인은 지구 관광에 만족했을까요? 아니면 실망했을까요?

주요 출연진 소개

귀신

무서운 겉모습과는 달리, 다정하고 상냥하답니다.
영화배우로 크게 성공하면서 많은 팬들의 사랑을 받게 되지요.

배추

한류 스타의 꿈을 품고 노력하는 아이돌 연습생이에요.
과연 배추의 꿈은 이루어질까요?

램프의 요정

소원 들어주기 사업을 하고 있는데, 적성에 맞지 않는 것
같아 고민이 많아요.

흥부와 놀부

전래동화 출연자 협회 회장을 맡은 흥부와 이를 질투하는 놀부!
과연 이 둘의 운명은 어떻게 될까요?

또 다른 친구들

저마다의 사연을 가지고 이 책에
출연하는 친구들. 이 친구들과 함께
재미있는 문해력 공부를 시작해 볼까요?

옥이샘의 초등 문해력툰 365

하루 한 컷 만화로 배우는 속담, 관용어, 사자성어

초판 1쇄 펴낸날 2023년 12월 11일

지은이 옥이샘
펴낸이 허주환

편집 임소정
마케팅 윤유림
외주 디자인 민희라
총괄 김현지

펴낸곳 ㈜아이스크림미디어
출판등록 2007년 3월 3일(제2011-000095호)
주소 13494 경기도 성남시 분당구 판교역로 225-20(삼평동)
전화 031-785-8988
팩스 02-6280-5222
전자우편 books@i-screammedia.com
홈페이지 www.i-screammedia.com

ISBN 979-11-5929-265-1 12590

일력 사용법

매일 한 컷 만화와 함께하는 3단계 문해력 공부법!

❶단계 오늘의 어휘를 한 컷 만화와 연결해서 쉽게 외워 봐요.

❷단계 어휘에 담긴 정확한 뜻을 알아봐요.

❸단계 오늘 익힌 어휘를 실생활 대화에서 이렇게 활용해 봐요.

옥이샘의 귓속말 오늘의 어휘에 대해 더 알고 싶은 것이 있다면?
그럴 땐 옥이샘이 유의어, 반의어, 유래, 교훈 등을 콕 짚어 줄게요.

12월

31

다사다난

多 많을 다 事 일 사 多 많을 다 難 어려울 난

사자성어

여러 가지 일도 많고 어려움이나 탈도 많음.

활용 대화

새로운 어휘들을 배우는 과정은 **다사다난**했지만 즐거웠어!
오늘의 어휘도 잘 익혀서 유종의 미를 거두자.

유종의 미를 거두다는 한번 시작한 일을 끝까지 완주하는 것이
중요하다는 뜻을 지닌 말이에요.
모두 유종의 미를 거두시기를 응원할게요!

1월

12월

30

불난 집에 부채질한다

속담

남의 재앙을 점점 더 커지도록 만들거나
화난 사람을 더욱 화나게 함.

활용 대화

충치 때문에 이가 아픈 동생 앞에서
오징어를 맛있게 씹어 먹었어. 그랬더니 동생이
불난 집에 부채질한다고 화를 내더라.

1월

01 천 리 길도 한 걸음부터

속담

무슨 일이든지 시작이 중요함.

활용 대화

문해력을 키우기 위해서 어휘 공부를 시작했어. **천 리 길도 한 걸음부터**라는 말이 있듯이 오늘부터 꾸준히 해야지!

리는 옛날에 쓰이던 거리 단위예요. 천 리는 약 393킬로미터로, 서울에서 부산까지의 거리라고 생각하면 된답니다. 이렇게 먼 길도 한 걸음부터 시작된다는 것을 잊지 말고 함께 매일 달력을 넘겨 볼까요?

12월
29

입이 딱 벌어지다

관용어

매우 놀라거나 좋아함.

활용 대화

판다를 실제로 보니,
정말 귀여워서 입이 딱 벌어졌어.

1월 **02**

떡 줄 사람은 생각도 않는데 김칫국부터 마신다

속담

줄 사람은 생각지도 않는데,
성급하게 미리 짐작하고 바람.

활용 대화

내 생일에 받고 싶은 선물을 동생에게 미리 말했어.
그랬더니 동생이 **"떡 줄 사람은 생각도 않는데 김칫국부터 마시네!"**라고 대꾸하더라.

12월

28

화룡점정

畵 그림 화 龍 용 룡 點 점찍을 점 睛 눈동자 정

사자성어

무슨 일을 하는 데에 가장 중요한 부분을 완성함.

활용 대화

놀이공원에 가면 재미있는 놀이 기구가 많이 있지만,
롤러코스터를 타야 **화룡점정**이지!

용을 다 그린 뒤 마지막으로 눈동자를 그려 넣었더니 **실제 용이 되어 하늘로 날아 올라갔다**는 옛이야기에서 유래한 사자성어랍니다.

1월

03

호시탐탐

虎 범 호 視 볼 시 眈 노려볼 탐 眈 노려볼 탐

사자성어

호랑이가 눈을 부릅뜨고 먹이를 보는 모습처럼
남의 것을 빼앗기 위하여 가만히 기회를 엿봄.

흐음… 아까부터 내 식판에 담겨 있는 쿠키를
호시탐탐 보고 있는 누군가의 시선이 느껴진다고.

12월

27 언 발에 오줌 누기

속담

임시로 대처한 것이 큰 효과가 없고
나중에 더 크게 나빠짐.

활용 대화

부모님께 성적표를 숨기는 행동은 **언 발에 오줌 누기**야.
정직하게 보여 드리고 함께 진로를 고민해 보자!

추위로 언 발에 오줌을 누면 **잠시 동안은 따뜻하겠지만**
곧 더 얼어 버린다는 데서 유래한 말이에요.

1월

04

귀청이 떨어지다

관용어

소리가 몹시 크다.

활용 대화

깜짝이야! 복도에서 장난치는 친구의 목소리가 너무 커서 **귀청이 떨어지겠어.**

귀청은 귓구멍 안쪽에 있는 얇은 막으로 '고막'이라고도 해요. 소리를 전달하는 역할을 한답니다.

12월 26

손에 익다

관용어

일이 익숙해짐.

활용 대화 처음에는 컴퓨터 키보드 자판을 치는 것에 서툴렀지만, 지금은 **손에 익어서** 빨리 타자를 칠 수 있어.

손에 오르다라는 말도 오늘의 어휘와 같은 의미로 쓰여요.

1월

05

남의 손의 떡은 커 보인다

속담

자기의 것보다 남의 것이 더 많아 보이거나 좋아 보임.

활용 대화

동생이 들고 있는 치킨 조각이 내 것보다 커 보이는데…
원래 **남의 손의 떡은 커 보이는** 법인가?

비슷한 속담으로 **남의 밥에 든 콩이 굵어 보인다, 제 논에 모가 큰 것은 모른다**가 있어요. '모'는 옮겨 심기 위해 기른 벼의 싹을 말해요.

12월

25

오매불망

寤 깰 오 寐 잘 매 不 아닐 불 忘 잊을 망

사자성어

자나 깨나 잊지 못함.

오매불망 기다리던 크리스마스 날이야.
모두 메리 크리스마스!
오늘은 산타 할아버지가 어떤 깜짝 선물을 주실지
설레는 마음으로 기대하고 있어.

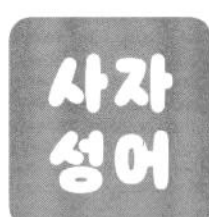

1월 06

외유내강

外 바깥 외 柔 부드러울 유 內 안 내 剛 굳셀 강

사자성어

겉으로 보기에는 부드러우나 마음속은 꿋꿋하고 굳셈.

활용 대화

할머니는 누구보다 자상하시지만, 우리가 잘못을 저질렀을 땐 단호하게 타이르며 우리 행동을 바로잡아 주셔. 그런 모습을 볼 때마다 **외유내강**이라는 말이 떠올라.

12월

24

굼벵이도 구르는 재주는 있다

속담

아무리 능력이 없어 보이는 사람이라도
한 가지 재주는 있음.

활용 대화

굼벵이도 구르는 재주는 있다더니,
내가 이렇게 미술에 소질이 있는지 몰랐어!
나도 자신감을 가져야겠어.

1월 07

손을 벌리다

관용어

돈 따위를 귀찮게 요구하다.

마라탕이 너무 먹고 싶은데 용돈이 부족해.
할 수 없이 부모님께 **손을 벌렸어.**

12월

23

작은 고추가 맵다

속담

몸집이 작은 사람이 재주가 뛰어나고 야무짐.

작은 고추가 맵다는 말처럼 아르헨티나의 축구 선수 메시는 키가 작지만 뛰어난 축구 실력을 갖추었지. 그래서 겉모습만으로 사람을 판단하면 안 되는 거야.

1월

08 미운 아이 떡 하나 더 준다

속담

미운 사람일수록 잘 대해 주어
미운 감정을 쌓지 않도록 함.

활용 대화

동생이 나 몰래 내 장난감을 가져갔지 뭐야. 어휴, **미운 아이 떡 하나 더 준다**는 마음으로 장난감을 동생에게 양보했어.

각광을 받다

관용어

많은 사람으로부터 주목을 받음.

활용 대화

창의적인 대한민국의 문화가 많은 분야에서
세계인들로부터 **각광을 받고** 있어.

각광(脚光)은 사회적 관심이나 흥미, 또는 무대의 앞쪽 아래에서
배우를 비춰 주는 광선을 뜻하는 낱말이에요.

유능제강

柔 부드러울 유 能 능할 능 制 억제할 제 剛 굳셀 강

사자성어

부드러운 것이 오히려 강한 것을 이김.

활용 대화

나를 때린 힘센 친구에게 '나 전달법' 대화로 내 마음을 전하고 사과를 받아 냈어. **유능제강**이라고 할 수 있지.

같은 뜻을 지닌 다른 사자성어로 **유능승강(柔能勝剛)**이 있어요.

12월 21

자포자기

自 스스로 자 暴 사나울 포 自 스스로 자 棄 버릴 기

사자성어

자신을 스스로 포기하고 돌아보지 아니함.

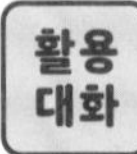

활용 대화

자포자기하지 말고 힘을 내렴!
너는 소중한 존재란다.
우리가 늘 응원할게!

1월

10

손이 빠르다

관용어

어떤 일을 능숙하고 빠르게 잘함.

내 짝은 **손이 참 빨라.**
귀여운 캐릭터 그림을 뚝딱 그리거든.

12월
20

미역국을 먹다

관용어

시험에 떨어지거나 퇴짜를 맞음.

활용 대화

컴퓨터 활용 능력 시험에서 미역국을 먹었지만
실망하지 않아. 다음에 또 도전하면 되니까.

1월 11

개과천선

改 고칠 개 過 잘못 과 遷 옮길 천 善 착할 선

사자성어

지난날의 잘못을 고쳐 올바르고 착하게 됨.

활용 대화

말썽꾸러기로 유명했던 상철이가 개과천선을 했는지 공부를 열심히 하고 모범생이 되었어.

같은 뜻을 지닌 다른 사자성어로 **회과천선(悔過遷善)**, **개과자신(改過自新)**이 있어요.

12월

19

어깨를 겨루다

관용어

서로 비슷한 능력이나 지위를 가짐.

활용 대화

동생의 문해력이 많이 늘었어. 이제는
어휘 퀴즈 대결에서 나와 **어깨를 겨룰** 만해.

1월 12

급히 먹는 밥이 체한다

속담

서두르다 일을 망침.

급히 먹는 밥이 체한다고, 서둘러서 쌓아 올린 블록이 금방 무너지고 말았어.

12월
18

초지일관

初처음 초 志뜻 지 一한 일 貫꿸 관

처음 세운 뜻을 끝까지 밀고 나감.

주영이는 **초지일관** 한결같아.
예나 지금이나 아이스크림을 고를 때는
무조건 민트 초콜릿 맛을 선택하는구나!

1월

13

자취를 감추다

관용어

남이 모르게 어디로 사라짐.

활용 대화

수많은 꿀벌이 **자취를 감추고** 있다고 해. 혹시 그 원인이 기후변화로 인한 생태계 파괴 때문은 아닐까?

자취는 어떤 것이 남긴 표시나 자리를 뜻해요.

12월

17

백지장도 맞들면 낫다

속담

쉬운 일이라도 협력하여 하면 훨씬 쉬움.

활용 대화

백지장도 맞들면 낫다고, 친구들이
교실 바닥 청소를 도와줘서 금방 끝났어.

비슷한말로 **십시일반(十匙一飯)**이라는 사자성어가 있어요.
밥 열 술이 한 그릇이 된다는 뜻으로, 여럿이 조금씩
힘을 합하면 한 사람을 돕기 쉬움을 이르는 말이에요.

1월 14

자업자득

自 스스로 자 業 업 업 自 스스로 자 得 얻을 득

사자성어

자신이 저지른 잘못된 행동의 결과를 자기가 받음.

활용 대화

친구를 맞히려고 던진 공이 벽에 튕겨서 나에게 맞았지 뭐야.
크흑… 이게 **자업자득**인가?

비슷한말로 **자승자박(自繩自縛)**이 있어요.
자신의 줄로 자신을 묶는다는 뜻으로, 자기가 한 말과 행동에
자기 자신이 곤란해진다는 말이에요.

12월
16

결자해지

結 맺을 결 者 놈 자 解 풀 해 之 갈 지

사자성어

매듭을 맺은 사람이 풀어야 함.
즉, 자기가 저지른 일은 자기가 해결하여야 함.

활용 대화

미술 시간에 물감을 사용하다가
교실 바닥을 더럽히고 말았어. 내가 저지른 짓이니
결자해지의 마음으로 내가 닦아야지.

1월
15

가슴에 못을 박다

관용어

마음에 상처를 주다.

네 별명을 부르고 놀려서 가슴에 못을 박았구나.
미안해. 앞으로 안 그럴게.

12월

15

오리무중

五 다섯 오 里 마을 리 霧 안개 무 中 가운데 중

사자성어

짙은 안개가 5리나 끼어 있음.
즉, 어떤 일의 갈피를 잡거나 상황 파악을 하기 어려움.

활용대화

추리 소설을 읽고 있는데
아직도 범인의 정체가 **오리무중**이야.
범인이 누구인지 도통 알 수가 없네.

1월 16

구르는 돌에는 이끼가 끼지 않는다

속담

부지런히 노력하는 사람은
뒤처지지 않고 계속 발전함.

활용 대화

구르는 돌에는 이끼가 끼지 않는다는 말을 좇아서
매일 꾸준히 줄넘기를 했더니 몸이 튼튼해졌어.

12월

14

눈살을 찌푸리다

관용어

무엇인가 못마땅하고 마음에 들지 않아
눈 사이 표정을 찡그림.

활용 대화

운동장에 버려진 쓰레기들을 보니
눈살이 찌푸려져.
우리 함께 저 쓰레기들을 치우러 가자!

1월 17

백전백승

百 일백 백 戰 싸움 전 百 일백 백 勝 이길 승

사자성어

백 번 싸워 백 번 모두 이긴다.
즉, 싸울 때마다 다 이김.

활용 대화

연우는 우리 반 팔씨름왕이야!
백전백승이라고.

12월 13

진퇴양난

進 나아갈 진 退 물러날 퇴 兩 두 양(량) 難 어려울 난

사자성어

앞으로 나아가지도 못하고
뒤로 물러나지도 못하는 난처한 처지.

활용 대화

치킨이 한 조각 남았네. 저걸 먹으면 배가 터질 것 같고,
안 먹자니 아깝고… **진퇴양난**이로구나!

비슷한 사자성어로 **진퇴유곡(進退維谷)**이 있어요. 앞뒤로 골짜기뿐이라
나아가지도 물러나지도 못하는 난처한 처지를 뜻한답니다.

1월

18

꽁무니를 빼다

관용어

슬그머니 피하여 물러나다.

활용 대화

영어에 자신이 없어 길을 묻는 외국인 앞에서 꽁무니를 뺐던 경험이 있어. 앞으로는 영어 공부를 열심히 할래.

꽁무니는 몸의 뒷부분이나 사물의 맨 끝을 뜻해요.

한 귀로 듣고 한 귀로 흘리다

남의 말을 귀담아듣지 않음.

화재 예방 교육을 한 귀로 듣고 한 귀로 흘리면, 크게 후회하게 될 거야. 안전은 아무리 강조해도 지나치지 않아.

오늘의 어휘는 **쇠귀에 경 읽기**, **마이동풍**, **우이독경**과 비슷한 의미를 지닌 말이랍니다.

1월

19 벼는 익을수록 고개를 숙인다

속담

훌륭한 사람일수록 겸손함.

벼는 익을수록 고개를 숙인다고 하더니,
수학을 잘하는 진우는 잘난 체하지 않고 늘 겸손해.

12월

11

산에 가야 범을 잡는다

속담

목적하는 방향을 제대로 잡고 힘들여 노력할 때
그 목적을 이룰 수 있음.

활용 대화

산에 가야 범을 잡는다는 말처럼, 우선 진로를 정하고
그에 맞게 선택해서 공부하는 것이 좋아.

범은 **호랑이**를 가리키는 순우리말이랍니다.

1 월

20

와신상담

臥 누울 와 薪 섶나무 신 嘗 맛볼 상 膽 쓸개 담

사자성어

마음먹은 일을 이루기 위하여
온갖 어려움과 괴로움을 참고 견딤.

활용 대화

축구 대회 우승을 위해, **와신상담**의 각오로
힘든 훈련을 열심히 해 보자.

오늘의 어휘는 옛날 중국의 오나라와 월나라 이야기에서
유래했어요. 원수였던 두 나라의 왕들은 **불편한 땔감 위에 자면서,**
쓰디쓴 쓸개를 핥으면서 서로에 대한 복수를 다짐했대요.

12월 **10**

거두절미

去 버릴 거 頭 머리 두 截 자를 절 尾 꼬리 미

사자성어

머리와 꼬리를 잘라 버림.
즉, 어떤 일의 요점만 간단히 말함.

활용 대화

연우야, **거두절미**하고 한 마디만 할게.
학예회에서 네 공연 정말 멋지더라!

비슷한 사자성어로 곧바로 요점을 말한다는 뜻의
단도직입(單刀直入)이 있어요.

1 월
21

성을 갈다

관용어

어떤 일을 다시는 하지 않겠다고 맹세함.
또는 어떤 것을 장담함.

복도에서 넘어져서 크게 다쳤어.
앞으로 내가 복도에서 뛰면 **성을 갈** 거야.

오늘의 어휘에서 **성(姓)**은 이름 앞에 붙는 성씨를 가리켜요.
즉, 자기 존재를 걸고 맹세할 만큼 굳은 다짐을 뜻한답니다.

12월

09 가시가 돋다

관용어

공격할 마음이나 불평불만이 있음.

활용 대화

어제 잠을 제대로 못 자서 신경이 예민했나 봐.
동생에게 **가시가 돋게** 말해서 너무 미안해.

"하루라도 책을 읽지 않으면 입안에 가시가 돋는다"라는 말이 있어요. 이 말은 책을 읽지 않으면 **입에서 나오는 말이 올바르지 않다**는 뜻이랍니다.

1월 22

호박이 넝쿨째로 굴러떨어졌다

속담

뜻밖에 좋은 일이 생기거나 좋은 물건을 얻음.

제비뽑기로 교실 자리를 정했는데,
딱 내가 원하는 자리에 앉게 되었어!
호박이 넝쿨째로 굴러떨어진 기분이야!

12월 08

혀를 내두르다

관용어

몹시 놀라거나 어이없어서 말을 못 함.

활용 대화

초등학생이 이렇게 놀라운 발명품을 만들다니!
우리는 감탄하며 **혀를 내둘렀어.**

1월 23

전대미문

前앞전 代시대대 未아닐미 聞들을문

사자성어

이제까지 들어 본 적이 없음.

활용 대화

뭐라고? 오늘 체육 수업이 무려 세 시간이나 있다고?
우와, 전대미문의 사건이구나!

12월

07

소 잃고 외양간 고친다

속담

일이 이미 잘못된 뒤에는
후회하고 손을 써도 소용이 없음.

활용 대화

바닥에 떨어져서 망가진 휴대전화에 충격 보호 케이스를 씌우다니, **소 잃고 외양간 고친** 셈이구나.

반대되는 의미를 지닌 말로 미리 대비하면 걱정이 없다는 뜻의 **유비무환(有備無患)**이 있어요.

1월
24

눈을 의심하다

관용어

잘못 보지 않았나 하여 믿지 않고 이상하게 생각함.

꺄악, 급식으로 마라탕이 나오다니…
내 눈을 의심했어!

12월

06

국물도 없다

관용어

돌아오는 몫이나 이득이 아무것도 없음.

활용 대화

봉사 활동은 원래 대가를
바라지 않고 하는 거야. 국물도 없다고
너무 불평하지 않았으면 좋겠어.

1월

25

하늘의 별 따기

관용어

무엇을 얻거나 성취하기가 매우 어려운 경우.

활용 대화

축구 시합에서 혼자 다섯 골을 넣는 것은
하늘의 별 따기만큼 어려운 일이지.

12월

05

토사구팽

兎 토끼 토 死 죽을 사 狗 개 구 烹 삶을 팽

사자성어

필요할 때는 쓰고 필요 없을 때는 야박하게 버리는 경우.

활용 대화

대회가 끝났으니 우리 피구 팀은 해산하라고?
우승까지 한 우리 팀이 이렇게 **토사구팽**을 당하다니…!

한나라의 중국 통일에 큰 공을 세웠던 한신 대장군의 일화에서 유래한 말이에요. 전쟁이 끝나자 왕에게 버림받게 된 장군은 **"토끼 사냥이 끝나면 사냥개도 잡아먹힌다"**라고 탄식했다고 해요.

1월 26

수구초심

首 머리 수 丘 언덕 구 初 처음 초 心 마음 심

사자성어

고향을 그리워하는 마음.
또는 근본을 잊지 않으려는 마음.

활용 대화

우리 반은 지난 축구 시합에서 큰 점수 차이로 우승했지만,
수구초심을 잊지 않고 매일 연습을 해.

여우는 죽을 때 자신이 살던 굴 쪽으로 머리를 둔다는
옛이야기에서 유래한 말이에요. 비슷한말로 **범도 죽을 때면 제 굴에 가서 죽는다**라는 속담이 있어요.

척하면 삼천리

상대편의 의도나 돌아가는 상황을 재빠르게 알아차림.

너 지금 방귀 뀌었구나!
네 표정을 보니, **척하면 삼천리**지!
내 앞에서는 아닌 척해도 소용없어.

1 월
27

불을 보듯 훤하다

관용어

앞으로 일어날 일이 의심할 여지가 없이 아주 뻔함.

활용 대화

양치질을 제대로 하지 않으면 충치가 생겨.
불을 보듯 훤하다니까.

불을 보듯 뻔하다라는 말도 오늘의 어휘와 같은 의미로 쓰여요.

12월

03

눈에 차다

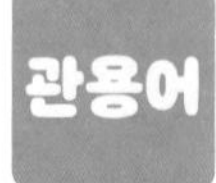

관용어

흡족하게 마음에 들고 만족함.

활용 대화

이 상점에서는 **눈에 차는** 옷이 없어.
디자인은 예쁜데 가격이 비싸고 품질도 그다지 좋지 못해.
다른 곳에 가 볼까?

1월

28

하나를 보면 열을 안다

속담

아주 영특하고 재주가 뛰어난 사람을 일컫는 말.
또는 일부만 보고도 전체를 알 수 있다는 뜻.

활용 대화

달리기를 무척 잘하는구나!
하나를 보면 열을 안다고,
너는 운동에 소질이 있는 것 같아.

12월

02

동상이몽

同 같을 동 床 침상 상 異 다를 이 夢 꿈 몽

사자성어

같은 자리에 자면서 다른 꿈을 꿈.
즉, 겉으로는 같이 행동하면서도 속으로는 각각 딴생각을 하고 있음.

활용 대화

반 아이들이 입 모아 체육 수업을 하자고 졸랐는데,
여학생들은 피구를 하고 싶고 남학생들은 축구를 하고 싶대.
음, **동상이몽**인걸. 어떻게 할까?

1월 29

눈독을 들이다

관용어

욕심을 내어 눈여겨봄.

활용 대화

이번에 멋있는 모자를 새로 샀어.
그런데 동생이 자꾸 **눈독을 들이는** 것 같아.

눈독은 욕심을 낼 때 드러나는 눈의 기운을 뜻해요.

인산인해

人 사람 인 山 뫼 산 人 사람 인 海 바다 해

사람이 산을 이루고 바다를 이룸.
즉, 사람이 수없이 많이 모인 상태.

외삼촌의 식당이 맛집으로 입소문을 타면서
손님들로 **인산인해**를 이루고 있어.
너희도 한번 와서 먹어 보렴.

1월 30

신출귀몰

神 귀신 신 出 날 출 鬼 귀신 귀 沒 빠질 몰

사자성어

귀신처럼 감쪽같이 나타났다가 사라짐.
즉, 그 움직임을 쉽게 알 수 없을 만큼 자유자재로 출몰함.

활용 대화

우리 반 피구왕이라고 불리는 친구는 워낙 **신출귀몰**해서 한 번도 공을 맞은 적이 없어.

12월

1월 31

새옹지마

塞 변방 새 翁 늙은이 옹 之 어조사 지 馬 말 마

사자성어

인생을 살다 보면 좋은 일과 나쁜 일은
항상 바뀌어서 미리 예상하기 어려움.

활용 대화 새 학년, 우리 반에 아는 아이가 한 명도 없어서 속상했어. 그런데 **새옹지마**라고, 그 덕분에 새로운 친구들을 많이 사귈 수 있었어.

옛날 중국 **변방에 살던 노인의 말이 행운과 불행을 번갈아 가져다준 일에서 유래한 사자성어**랍니다. 지금은 나쁘게 보였던 상황이 나중에 더 좋은 일을 가져다줄 수도 있다는 걸 잊지 말아요.

11월

30

천하를 얻은 듯

관용어

매우 기쁘고 만족스러움.

활용 대화

올해 친한 친구들을 많이 사귀어서
천하를 얻은 듯한 기분이야!
이 친구들 덕분에 학교생활이 무척 재미있어.

2월

11월

29

달도 차면 기운다

속담

한번 번성하면 다시 쇠하기 마련.
또는 행운이 언제까지나 계속되는 것은 아님.

활용 대화

피구 대회 우승자인 우리도 자만해서는 안 돼!
달도 차면 기운다고, 언제까지 우리의 전성기가
이어질 수는 없어.

세 살 적 버릇이 여든까지 간다

몸에 밴 버릇은 쉽게 고쳐지지 않음.

세 살 적 버릇이 여든까지 간다는 말이 있듯이,
나쁜 습관이 굳어지면 어른이 돼서도 고치기 힘든 법이야.

오늘의 어휘는 한자성어로 **삼세지습 지우팔십(三歲之習 至于八十)** 이라고 표현해요.

11월

28

선견지명

先 먼저 선 見 볼 견 之 어조사 지 明 밝을 명

사자성어

앞날을 미리 내다볼 수 있는 지혜.

크흐흐, 나의 **선견지명**을 믿어 보라고!
올해는 눈이 많이 올 것 같아서
미리 썰매를 준비해 놓았지.

2월

02

귀가 얇다

관용어

남의 말을 쉽게 받아들임.

활용 대화

뭐? 맛있게 먹으면 살이 안 찐다고?
그 말에 귀가 솔깃한 걸 보니 나도 **귀가 얇은** 편인가?

11월

27

손을 떼다

관용어

하던 일을 중간에 그만둠.
또는 하던 일을 다 마쳐 끝을 냄.

미안하지만, 학예회 공연 준비에서
손을 떼야 될 것 같아.
곧 전학을 갈 예정이거든.

2월 03

어깨가 무겁다

관용어

무거운 책임을 져서 마음에 부담이 큼.

활용 대화

학급 회장에 당선되어 기쁘기도 하지만,
한편으로는 **어깨가 무거워.**

11 월

26

금이 가다

관용어

서로의 사이가 벌어지거나 틀어짐.

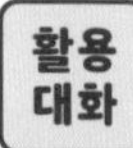

활용 대화

작은 오해가 커져서 친구 사이에
금이 가는 경우가 있어. 오해가 생겼을 땐
마음을 터놓고 대화하는 시간이 필요해.

2월

04

동문서답

東 동녘 동 問 물을 문 西 서녘 서 答 대답 답

동쪽에서 물었는데 서쪽에서 대답함.
즉, 물음과는 전혀 상관없는 엉뚱한 대답.

"오늘 숙제했니?"라는 엄마의 질문에 "사랑해요!"라고 일부러 **동문서답**을 했어요. 휴우…

11월

25

뒤통수를 맞다

관용어

예상치 못한 공격을 받음.
또는 배신이나 배반을 당함.

활용 대화

어제 짝꿍이 혼자 떡볶이집에 간 걸 알고
내 동생이 **뒤통수를 맞은** 듯한 충격을 받았대.
난 다행스럽게도 믿었던 친구에게
뒤통수를 맞았던 경험은 없어.

2 월

05

성에 차다

관용어

흡족하게 여기다.

활용 대화

우와, 치킨에 피자에 콜라까지 다 먹고도
성에 차지 않는다고? 정말 대단하다!

비슷한말로 **직성이 풀리다**라는 관용어가 있어요.
직성(直星)은 타고난 운명 또는 타고난 성질을 뜻한답니다.

11월

24

눈앞이 캄캄하다

관용어

어찌할 바를 몰라 아득함.

활용 대화

여행길에 중요한 물건이 가득 들어 있는 가방을 잃어버렸어. 앞으로 어떻게 하지?
눈앞이 캄캄해.

2월 06

꿩 먹고 알 먹고

속담

한 가지 일로 두 가지 이익을 봄.

활용 대화

요즘 연우와 매일 배드민턴을 치고 있어.
연우와 친해지고, 몸도 튼튼해지니 **꿩 먹고 알 먹고**란다!

비슷한말로 **도랑 치고 가재 잡고**, **일석이조(一石二鳥, 한 개의 돌로 두 마리 새를 잡음)** 등이 있어요.

11월

23

바가지를 씌우다

관용어

물건의 값을 본래의 값보다
더욱 높은 가격에 판매함.

활용 대화

휴가철 피서지에서는 **바가지를 씌우는** 경우가 많아.
그래서 휴가철을 피해 지금 여행을 가려고 해.

예전에 **바가지에 숫자를 쓰고 뒤집어 놓은 뒤 숫자를 못 맞히면 돈을 뺏기는** 내기가 유행했대요. 오늘의 어휘는 여기서 유래한 말이라고 해요.

2월 07

함흥차사

咸다함 興일흥 差다를차 使하여금사

사자성어

떠난 사람이 돌아오지 않거나 소식이 없음.

활용 대화

편의점으로 심부름을 보낸 동생이 **함흥차사**로구나.
응? 편의점에서 핫도그를 먹느라 연락을 못 했다고?

함흥은 우리나라 북쪽의 고을 이름이에요.
차사는 임금님의 임무를 맡고 지방으로 파견된 벼슬을 말해요.
즉, 함흥으로 간 차사가 돌아오지 않은 데서 유래한 말이랍니다.

11월

22

발길을 끊다

관용어

어떤 일을 그만두거나 어떤 장소에 더 이상 가지 않음.
또는 만나던 사람과 관계를 끊음.

원래는 맛집이라고 소문난 식당이었는데,
원산지를 속였다는 사실이 드러나면서
손님들이 **발길을 끊었대.**

2월

08

감언이설

甘 달 감 言 말씀 언 利 이로울 이(리) 說 말씀 설

사자성어

귀가 솔깃하도록 달콤한 말이나
이로운 조건으로 남을 속임.

활용 대화

낯선 어른이 다가와 사탕을 주면서
감언이설로 꾀어내면 조심하라고!
유괴범일 수도 있어.

11월

21

파리를 날리다

관용어

장사나 사업 따위가 잘 안되어 한가함.

활용 대화

우리 학생회에서 야심만만하게 준비한
알뜰시장 행사장에 **파리만 날리고** 있어.
좌절하지 말고, 문제점을 보완해서 다시 도전해 보자.

반대로 손님이 많은 상황을 가리킬 때는
문전성시(門前成市)라는 사자성어를 쓸 수 있어요.

2월 09

임기응변

臨 임할 임(림) 機 틀 기 應 응할 응 變 변할 변

사자성어

그 자리에서 결정하거나 처리함.

활용 대화

컵라면을 먹으려고 하는데 젓가락을 안 가져왔네. **임기응변**으로 종이 빨대를 젓가락처럼 사용해 봐야겠어.

11월

20

한솥밥을 먹다

관용어

함께 생활하며 집안 식구처럼 가깝게 지냄.
또는 비슷하거나 같은 일을 함께함.

우리 합창부 친구들은 어린 시절부터
한솥밥을 먹으며 함께 연습하고 공연 준비를 해 왔지.
한 가족이라고 부를 정도야.

2월 10

오르지 못할 나무는 쳐다보지도 마라

속담

자기의 능력으로 할 수 없는 일에 대해서는
처음부터 욕심을 내지 않는 것이 좋음.

활용 대화

1,000미터 달리기는 아직 2학년에게는 무리야. **오르지 못할 나무는 쳐다보지도 말고,** 50미터 달리기부터 시작해 보자.

반대되는 의미를 지닌 말로 **열 번 찍어 안 넘어가는 나무 없다**라는 속담이 있어요.

11월
19

사면초가

四 넉 사 面 얼굴 면 楚 초나라 초 歌 노래 가

사자성어

아무에게도 도움을 받을 수 없는 곤란한 상황.

활용 대화

길을 한창 걷고 있는데 갑자기 비가 쏟아지네. 우산도 없고, 주위에 도움을 청할 사람이 아무도 없는 **사면초가**의 상황이야.

사방에서 초나라의 노래가 들려오자 고향을 그리워한 초나라 병사들이 전쟁 중에 모두 도망쳤다는 일화에서 유래된 말이에요.

2월 11

원숭이도 나무에서 떨어진다

속담

아무리 익숙하고 잘하는 사람이라도
간혹 실수할 때가 있음.

활용 대화

평소에 책을 많이 읽는 내가 독서 골든벨 대회에서
탈락하다니… **원숭이도 나무에서 떨어질** 때가 있구나!

비슷한말로 **나무 잘 타는 잔나비 나무에서 떨어진다**라는
속담이 있어요. '잔나비'는 원숭이를 뜻하는 옛말이랍니다.

11월

18

모르는 게 약

속담

어떤 사실은 아는 것보다
차라리 모르는 게 더 나을 수 있음.

활용 대화

어항의 물고기가 병으로 죽었어. 동생이 슬퍼할 것 같으니 당분간은 말하지 않아야겠어. 어떨 땐 **모르는 게 약**이잖아.

비슷한말로 **모르면 약이요 아는 게 병**, **식자우환(識字憂患)**이 있어요.
너무 많이 알면 걱정이 많아짐을 뜻하는 말들이랍니다.

손발이 맞다

관용어

함께 일을 하는 데에 마음이나 의견, 행동이 서로 맞다.

우리 모둠 친구들은 모두 한마음 한뜻으로
발표 준비를 하고 있어. **손발이 잘 맞는다**고 할 수 있지.
마지막까지 손발을 잘 맞춰서 준비하자!

11월
17

손사래를 치다

관용어

거절하거나 인정하지 않으며 손을 펴서 휘저음.

활용 대화

나보고 미남 배우 박보검 씨를
닮았다고 하길래, **손사래를 쳤지만**…
(사실 기분 좋았어!)

2월 13

결초보은

結 맺을 결 草 풀 초 報 갚을 보 恩 은혜 은

사자성어

풀을 묶어 은혜를 갚는다는 뜻으로,
죽은 뒤에라도 은혜를 잊지 않고 갚음을 이르는 말.

활용 대화

다리를 다친 나를 위해 매일 가방을 들어 주다니…
결초보은의 마음으로 이 은혜는 절대 잊지 않을게.

옛날에 적군의 말이 풀에 걸려 넘어진 덕분에 위기를 넘긴 장군이 있었어요. 알고 보니, 장군의 도움을 받았던 한 죽은 노인의 영혼이 **은혜를 갚기 위해 말의 다리에 풀을 묶었다**고 해요.

11월

16

오월동주

吳 나라 이름 오 越 나라 이름 월 同 같을 동 舟 배 주

사자성어

어려운 상황에서는 원수라도 서로 협력함.

활용 대화 연우와 나는 서로 라이벌 관계지만, 이번 학예회 공연을 위해 **오월동주**하며 함께 춤 연습을 하기로 했어.

옛날 중국에서 원수지간이던 **오나라 사람과 월나라 사람이 같은 배를 탔을 때** 풍랑을 만나자 서로 협력했던 일화에서 유래한 말이에요.

2월 14

감투를 쓰다

관용어

높은 지위에 오름.
또는 중요한 직책을 맡음.

활용 대화

아영이가 체육 반장 **감투를 쓰고** 나서
부쩍 책임감이 높아진 것 같아.

감투는 벼슬이나 어떤 지위에 오르면 모자처럼 썼던 것이에요.

11월 15

견원지간

犬 개 견 猿 원숭이 원 之 어조사 지 間 사이 간

사자성어

개와 원숭이의 사이.
즉, 사이가 매우 나쁜 두 관계.

동생과 나는 겉으로는 **견원지간**처럼 보이지만,
사실 굉장히 서로를 아끼고 사랑하는 사이야.

비슷한말로 **견묘지간(犬猫之間)**이라는 사자성어가 있어요.
개와 고양이의 사이라는 뜻이랍니다.

배가 아프다

남이 잘되어 심술이 나다.

부모님이 동생에게 최신 스마트폰을 사 주셨어.
나는 아직도 오래된 것을 쓰고 있는데… **배가 아픈걸.**

비슷한말로 **사촌이 땅을 사면 배가 아프다**라는 속담도 있지요.
실제로 스트레스를 받거나 신경을 많이 쓰면 배가 아픈 경우가 있어요.

11월

14

기가 막히다

관용어

놀랍거나 마음에 들지 않아서 어이없다.

활용 대화

종이와 플라스틱을 분리배출하지 않고 버리다니…
정말 **기가 막히네!**

비슷한말로 **기가 차다, 어안이 벙벙하다** 등이 있어요.

2월

16

사리사욕

私 사사 사 利 이로울 리(이) 私 사사 사 慾 욕심 욕

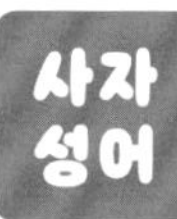

사자성어

사사로운 이익과 욕심.

활용 대화

뉴스를 보다 보면, **사리사욕**을 채우느라
나쁜 짓을 저지르는 사람들이 나오더라.

11월

13

조삼모사

朝아침 조 三석 삼 暮저녁 모 四넉 사

사자성어

간사한 꾀로 남을 속임.

활용 대화

조삼모사로 남을 속이는 것보다는 정직하게 사람을 대하는 것이 스스로에게도 떳떳해.

오늘의 어휘는 **눈앞의 이익에만 사로잡혀서 정작 결과가 똑같은 것은 모르는 어리석음**을 나타내는 말로 쓰이기도 해요.

2월 17

재주는 곰이 부리고 돈은 주인이 받는다

속담

열심히 노력한 사람 대신 엉뚱한 사람이 이익을 얻음.

활용 대화

교실 청소는 내가 했는데, 정작 칭찬은 상철이가 받았어.
재주는 곰이 부리고 돈은 주인이 받는다더니… 어흑!

비슷한말로 **남의 떡으로 제사 지낸다**라는 속담이 있어요.

11월

12

까마귀 날자 배 떨어진다

속담

아무 관계 없이 한 일이 공교롭게도 때가 같아
어떤 관계가 있는 것처럼 의심을 받게 됨.

활용 대화

내가 엘리베이터를 타자마자 방귀 냄새가 나서 오해를 받았어.
까마귀 날자 배 떨어진 상황이라 억울하다고!

오늘의 어휘는 사자성어로 **오비이락(烏飛梨落)**이라고 표현해요.

2월 18

인과응보

因 인할 인 果 실과 과 應 응할 응 報 갚을 보

사자성어

착한 행동에는 좋은 결과가,
나쁜 행동에는 나쁜 결과가 뒤따름.

활용 대화

친구들에게 친절을 베푼 흥부가
전교 학생자치회장에 당선되었어.
반면에 놀부는 떨어졌어. **인과응보**라고 할 수 있지.

11월 11

주경야독

사자성어

晝 낮 주 耕 밭갈 경 夜 밤 야 讀 읽을 독

낮에는 농사짓고 밤에는 글을 읽음.
즉, 어려운 여건 속에서도 꿋꿋이 공부함.

할머니께서는 **주경야독**을 몸소 실천하시면서, 마침내 대학교에 입학하셨어. 할머니의 아름다운 도전을 응원해!

오늘의 어휘는 **형설지공**, **공든 탑이 무너지랴**와 같은 어휘들처럼 꾸준한 노력을 의미하기도 해요.

2월 19

일장춘몽

一 한 일 場 마당 장 春 봄 춘 夢 꿈 몽

사자성어

한바탕의 봄꿈이라는 뜻으로,
헛된 영광이나 덧없는 일.

활용 대화

예전에는 내가 우리 반 딱지왕이었는데, 지금은 가지고 있는 딱지가 하나도 없어. 딱지왕은 **일장춘몽**이었구나.

비슷한말로 **인생무상(人生無常)**, **인생사 새옹지마** 등을 쓸 수 있어요. 덧없음을 뜻하는 말들이랍니다.

11월

10

낫 놓고 기역 자도 모른다

속담

매우 무식함.

세종대왕 다음 왕이 네종대왕이라고?
낫 놓고 기역 자도 모른다더니… 정말 심하구나!

낫의 모양이 **ㄱ 자**를 닮은 데서 나온 말이랍니다. 비슷한말로 아주 쉬운 정(丁) 자도 못 읽는다는 뜻의 **목불식정(目不識丁)**이 있어요.

국수를 먹다

관용어

결혼식에 초대를 받거나 결혼식을 올림.

활용 대화

외삼촌이 엄마에게 청첩장을 주시더라고.
조만간 **국수를 먹을** 것 같아.

옛날 우리나라에서는 생일이나 결혼식 등의
잔칫날에 국수를 자주 먹은 데서 유래한 말이에요.

11월

09 빈 수레가 요란하다

속담

실속 없는 사람이 겉으로 더 떠들어 댐.

활용 대화

빈 수레가 요란하다고, 놀이공원 롤러코스터 앞에서
큰소리를 치며 허세를 부렸는데,
사실 무서운 놀이 기구를 타지 못해.

깨가 쏟아지다

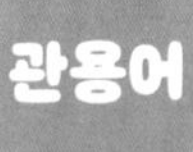

서로 오붓하거나 몹시 아기자기하여 재미있음.

외삼촌의 얼굴에 웃음꽃이 피셨어.
깨가 쏟아지게 행복한 일상을 보내시는 것 같아!

오늘의 어휘는 **사이좋은 신혼부부**를 가리킬 때 주로 사용한답니다.

11월

08

닭 쫓던 개 지붕 쳐다본다

속담

애써 하던 일이 실패로 돌아가거나 남보다 뒤떨어져
어찌할 도리가 없이 됨.

활용 대화

글짓기 공모전을 위해 써 둔 글이 컴퓨터 바이러스 때문에
삭제되어 버렸어. 공모전 대상을 꿈꿨었는데…
흑, **닭 쫓던 개 지붕 쳐다보는** 꼴이 되었네.

2월 22

주먹을 불끈 쥐다

관용어

무엇에 대해 큰 결심을 함.

활용 대화

올해는 책을 많이 읽겠다고
주먹을 불끈 쥐며 다짐했어.

11월

07

온고지신

溫 익힐 온 故 옛 고 知 알 지 新 새 신

사자성어

옛것에서 배워 새로운 것을 깨달음.

활용 대화

김치냉장고는 우리 조상님들이 김장독에
김치를 보관했던 것에서 배워 발명한 거라고 해.
바로 이런 걸 **온고지신**의 지혜라고 볼 수 있지.

비슷한 사자성어로 옛 법을 본받아 새로운 것을 만든다는 뜻의
법고창신(法古創新)이 있어요.

괄목상대

刮 긁을 괄 目 눈 목 相 서로 상 對 대할 대

눈을 비비고 다시 보며 상대를 대함.
즉, 상대방의 재주나 능력이 놀랄 정도로 부쩍 늘어남.

예전에 비해서 줄넘기 실력이 부쩍 늘었구나!
괄목상대한 변화라서 깜짝 놀랐어.

11월

06

배보다 배꼽이 더 크다

속담

기본이 되는 것보다 덧붙이는 것이 더 많거나 큼.

활용 대화

음식 배달을 시켰는데, 어떻게 배달비가 음식값보다 더 비싼 거야?

배보다 배꼽이 더 크잖아.

코가 납작해지다

관용어

몹시 창피함을 당하거나 기가 죽음.

축구 시합에 대비해서 열심히 훈련하자!
상대 팀의 **코가 납작해지도록**
우리의 뛰어난 실력을 보여 주자고!

11월

05

간에 기별도 안 가다

속담

먹은 것이 너무 적어서 먹으나 마나 함.

활용 대화

오늘 급식 양이 너무 적어서
간에 기별도 안 갔지 뭐야.

비슷한말로 **코끼리 비스킷**이라는 관용어도 있어요.
덩치 큰 코끼리가 비스킷 몇 조각으로 배부르기는 아무래도 어렵겠죠?

2월 25

견물생심

見볼 견 物물건 물 生날 생 心마음 심

물건을 보면 그것을 가지고 싶은 욕심이 생김.

견물생심이라는 말처럼 새로 산 동생의 스마트폰을 보니 나도 가지고 싶은걸.

11월

04

우유부단

優 넉넉할 우 柔 부드러울 유 不 아닐 부 斷 끊을 단

사자성어

어물어물 망설이기만 하고 결단성이 없음.

활용 대화

우유부단한 태도로 선택을 미루기보다는
빨리 결정해야지.
나는 피자보다 치킨으로 결정했어!

2월 26 가슴이 뜨끔하다

관용어

마음이 깜짝 놀라거나 양심의 가책을 받음.

활용 대화 엘리베이터에 아무도 없길래 슬쩍 방귀를 뀌었는데,
갑자기 문이 열리면서 사람들이 들어와 **가슴이 뜨끔했지** 뭐야.

뜨끔하다는 갑자기 불에 닿은 듯 뜨겁거나 아플 때, 또는 마음에
큰 자극을 받아 뜨겁게 느껴질 때 쓸 수 있는 말이에요.

11월

03

돌다리도 두들겨 보고 건너라

속담

아는 일이라도 세심하게 주의하고
신중하게 행동해야 함.

활용 대화

여러 번 풀어 본 수학 문제이지만 꼼꼼하게 다시 풀어 보자.
돌다리도 두들겨 보고 건너야 하거든.

비슷한말로 **아는 길도 물어 가라**라는 속담이 있어요.

수수방관

袖소매 수 手손 수 傍곁 방 觀볼 관

사자성어

팔짱을 끼고 보고만 있음.
즉, 간섭하거나 거들지 않고 그대로 내버려둠.

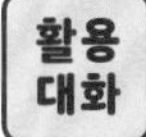

활용 대화

지구가 더워지면서 북극곰이 살 곳이 사라지고 있어.
기후 위기를 **수수방관**해서는 안 돼!

11 월

02

등잔 밑이 어둡다

속담

가까이에 있는 대상일수록
도리어 잘 알기 어려움.

활용 대화

등잔 밑이 어둡다고, 우리 동네에 이렇게
많은 맛집이 있는지 몰랐어.

오늘의 어휘는 사자성어로 **등하불명(燈下不明)**이라고 표현해요.

고생 끝에 낙이 온다

속담

어려운 일이나 고생을 겪은 뒤에는
반드시 즐겁고 좋은 일이 생김.

고생 끝에 낙이 온다고, 몇 달간 공들여 만든 내 발명품이 대상을 받았어.

오늘의 어휘는 사자성어로 **고진감래**라고 표현해요.
낙은 즐거움이나 재미를 뜻한답니다.

용두사미

龍 용 용(룡) 頭 머리 두 蛇 뱀 사 尾 꼬리 미

사자성어

머리는 용이고 꼬리는 뱀.
즉, 시작은 좋았다가 갈수록 나빠짐.

활용 대화

줄넘기 대회를 위해 처음에는 하루에 100개씩 연습했는데,
지금은 10개도 제대로 하지 않아. **용두사미**가 되어 버렸네.

반대되는 의미를 지닌 말로 **시종일관(始終一貫)**이 있어요.
처음부터 끝까지 한결같다는 뜻이랍니다.

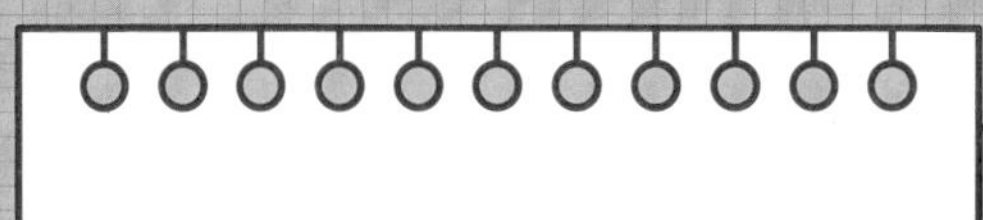
3월

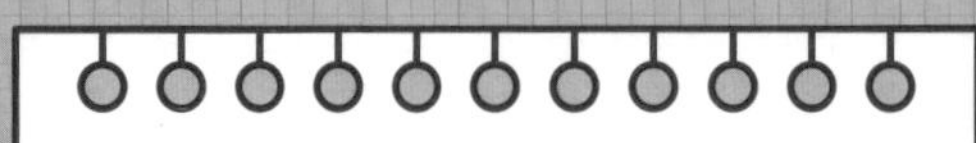

11월

3 월

01

소매를 걷다

관용어

어떤 일에 아주 적극적인 태도를 취함.

활용 대화

오늘은 삼일절이야. 대한 독립 만세! **소매를 걷고** 독립운동에 나선 우리 민족의 정신을 잊지 말자.

비슷한말로 **발 벗고 나서다**라는 관용어가 있어요.

10월
31 무쇠도 갈면 바늘 된다

속담

꾸준히 노력하면 어떤 어려운 일이라도 이룰 수 있음.

활용 대화

무쇠도 갈면 바늘 된다더니, 문해력이 약했던 내가 매일 『옥이샘의 초등 문해력툰 365』를 보고 어휘왕이 되었어!

비슷한 속담으로 **낙숫물이 댓돌을 뚫는다**가 있어요.
낙숫물은 처마 끝에서 떨어지는 물이에요.

3 월
02

첫걸음을 떼다

관용어

어떤 일을 처음 시작함.

활용 대화

내 동생이 초등학교에 입학했어.
학교생활의 **첫걸음을 뗀** 셈이지.

10월 30

병 주고 약 주다

속담

교활하고 음흉한 행동.

활용 대화

너희가 반칙해서 이겨 놓고 왜 우리 반이 아깝게 진 거라며 미안해하는 거야? **병 주고 약 주는** 거니?

남을 해치고 나서 약을 주며 구해 주는 척하는 행동에 빗대어 유래된 말이에요.

3월

03

동고동락

同 같을 동 苦 괴로울 고 同 같을 동 樂 즐거울 락

사자성어

괴로움도 즐거움도 함께함.

활용 대화

이 사진을 보니 청소년 야영 캠프를 하면서 친구들과 **동고동락**했던 추억이 떠올라.

10월

29

노심초사

勞 힘쓸 노(로) 心 마음 심 焦 그을릴 초 思 생각 사

사자성어

몹시 마음을 쓰며 애를 태움.

활용 대화

어제 동생이 골목에서 마주친 고양이가
아파 보여서 계속 눈에 밟힌대.
고양이 생각에 **노심초사**하고 있어.

3월

04

트집을 잡다

관용어

조그만 흠집을 들추어내거나 없는 흠집을 만듦.

활용 대화

내가 생일 선물로 받은 운동화를 보고 샘이 났는지,
동생이 자꾸 **트집을 잡더라고.** (-_-)

10월
28

닭 잡아먹고 오리발 내놓기

속담

옳지 못한 일을 저질러 놓고
엉뚱한 수작으로 속여 넘기려 함.

여기 있던 아이스크림을 몰래 먹고
모른 척하는 거야?
지금 **닭 잡아먹고 오리발 내놓는** 거니?

3월

05

눈코 뜰 사이 없다

관용어

정신 못 차리게 몹시 바쁨.

활용 대화

새 학년이 시작되니 친구들과 놀 시간이 정말 부족해.
눈코 뜰 사이 없이 바쁘거든··· 흑흑.

눈코는 얼굴 부위가 아니라 그물의 구멍과 매듭을 말해요. 즉, 그물을 손질할 시간도 없이 계속 물고기를 잡는 바쁜 상황을 말하지요.

10월 27

도토리 키 재기

속담

비슷한 사람끼리 서로 겨룸.

활용 대화

상철이와 내가 속담 퀴즈 내기를 하면
누가 이길까? 서로 실력이 비슷하기 때문에
도토리 키 재기일 듯해.

주객전도

主 주인 주 客 손 객 顚 넘어질 전 倒 거꾸로 도

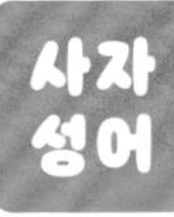

사자성어

주인과 손님이 서로 뒤바뀜.

활용 대화

상철이가 배드민턴을 잘 친대서 한 수 배우러 갔는데, 오히려 내가 가르쳐 주고 있어. **주객전도**된 상황이야.

집에 온 손님이 주인처럼 행동하고, 주인은 손님처럼 있다면 이상하겠지요? 중요한 것과 중요하지 않은 것의 순위가 서로 바뀌었을 때 쓰는 어휘랍니다.

다재다능

多 많을 다 才 재주 재 多 많을 다 能 능할 능

재주와 능력이 여러 가지로 많음.

세종대왕은 정말 **다재다능**한 왕이었어. 천문학, 수학, 예술, 문화 등 여러 분야에 관심을 가지고 업적을 남기셨거든.

비슷한말로 **박학다식(博學多識)**, **팔방미인(八方美人)**이 있어요.

3월 07

방귀 뀐 사람이 성낸다

속담

잘못한 사람이 반성은커녕 오히려 화를 냄.

활용 대화

방귀 뀐 사람이 성낸다고, 복도에서 앞을 제대로 보지 않고 뛰다가 나랑 부딪혔으면서 왜 네가 화를 내는 거지?

비슷한말로 **적반하장(賊反荷杖)**이라는 사자성어가 있어요.

10월

25

바늘 도둑이 소도둑 된다

속담

자그마한 나쁜 일도 자꾸 해서 버릇이 되면
나중에는 큰 잘못을 저지르게 됨.

활용 대화

작은 거짓말을 자꾸 하다 보니
나중에는 큰 거짓말도 술술 나와서 깜짝 놀랐어.
바늘 도둑이 소도둑 된다더니,
앞으로는 거짓말을 하지 않고 정직하게 말하겠어!

3월

08

가슴을 열다

관용어

속마음을 털어놓거나 받아들임.

내가 복도에서 뛰다가 너를 다치게 했구나!
가슴을 열고 사과할게. 미안해!

10월 24

막을 열다

관용어

무대의 공연이나 어떤 일을 시작함.

드디어 우리 학교 영상 축제의 **막을 열겠습니다!**
학생들이 제작한 영상 작품들을 감상해 보세요.

막을 올리다라는 말도 오늘의 어휘와 같은 의미로 쓰여요.

3월 09

풍비박산

風 바람 풍 飛 날 비 雹 우박 박 散 날릴 산

사자성어

사방으로 날아 흩어짐.

활용 대화 피구 시합에서 진 우리 반 분위기는
지금 **풍비박산**이야.

10월

23

대기만성

大 큰 대 器 그릇 기 晩 늦을 만 成 이룰 성

사자성어

큰 그릇을 만드는 데는 시간이 오래 걸림.
즉, 크게 될 사람은 늦게 이루어짐.

활용 대화

역사 속에서 **대기만성**의 예를 찾아볼까?
이순신 장군은 늦은 나이에 무과에 급제하여
나라에 큰 공을 세웠지.

3월
10

입만 살다

관용어

실천은 하지 않고 말만 그럴듯하게 잘함.

전교 학생 회장에 당선되었어요.
입만 살았다라는 말을 듣지 않도록 최선을 다해
공약을 실천하겠습니다!

10월

22

도둑이 제 발 저린다

속담

지은 죄가 있으면 자연히 마음이 조마조마해짐.

활용 대화

부모님 몰래 게임을 오래 했는데,
도둑이 제 발 저린다고 아까 부모님이 날 부르실 때
화들짝 놀라 버렸어.

3월 11

후안무치

厚 두터울 후 顔 얼굴 안 無 없을 무 恥 부끄러울 치

사자성어

얼굴이 두꺼워 부끄러움이 없음.
즉, 뻔뻔스러워서 부끄러움이 없음.

활용 대화

우리 모둠 친구들은 정말 좋아. 자기 잘못은 꼭 사과하고 반성하거든. **후안무치**한 친구는 없더라고.

비슷한말로 **벼룩도 낯짝이 있다** 등이 있어요.

10월 21

지렁이도 밟으면 꿈틀한다

관용어

순하고 좋은 사람이라도
너무 업신여기면 가만있지 않음.

활용 대화

지렁이도 밟으면 꿈틀한다더니,
평소 심부름을 대신 해 주던 동생이
오늘은 싫은 표정으로 거절했어.

3월

12

벼락이 내리다

관용어

몹시 무서운 꾸지람이나 나무람을 받게 됨.

활용 대화

으악, 나 혼자 탕후루를 만들다가 불이 날 뻔했어.
분명히 어른들 **벼락이 내리겠지?** 앞으로 조심해야지.

벼락이 떨어지다도 오늘의 어휘와 같은 의미로 쓰여요.

10월 20

위풍당당

威 위엄 위 風 바람 풍 堂 당당할 당 堂 당당할 당

사자성어

겉모습이나 기세가 위엄 있고 떳떳함.

활용 대화

우승컵을 들고 돌아온 축구부 선배들의
모습은 정말 **위풍당당**하더라.
나도 언젠가 주전 선수로 활약할 날이 올 거야!

3월 13

신선놀음에 도낏자루 썩는 줄 모른다

속담

재미있는 일이나 놀이에 너무 열중해서 시간 가는 줄 모름.

활용 대화

신선놀음에 도낏자루 썩는 줄 모른다고,
재미있는 영상을 보다가 라면이 다 불어 버렸네.

나무꾼이 바둑 두는 신선들을 정신없이 구경하다 보니, **도낏자루가 썩을 정도로 세월이 흘렀다**는 이야기에서 유래한 말이에요.

똥 묻은 개가 겨 묻은 개 나무란다

자기는 더 큰 흉이 있으면서 도리어 남의 작은 흉을 봄.

게임 중독에 빠진 철수가 영희에게 스마트폰 좀 그만 보라고 말하네. **똥 묻은 개가 겨 묻은 개 나무라는** 셈이구나!

비슷한 속담으로 **가랑잎이 솔잎더러 바스락거린다고 한다**가 있어요.

3월

14

입을 모으다

관용어

모두 한결같이 말함.

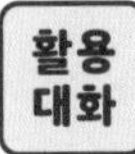

활용 대화

좋아하는 과목이 무엇이냐는 선생님의 질문에
우리 반 모두는 **입을 모아** 말했지. 바로 체육!

10월 18

손이 크다

관용어

인심이 후하고 씀씀이가 큼.

활용 대화

우리 엄마는 **손이 커서** 항상 음식을 많이 만드셔.
손님이 올 때는 늘 푸짐하게 상을 차려 주신다니까.

반대말로 **손이 작다**가 있어요.
씀씀이가 깐깐하고 작은 것을 뜻하는 관용어랍니다.

3월
15

권선징악

勸 권할 권 善 착할 선 懲 징계할 징 惡 악할 악

사자성어

착한 일을 권장하고 악한 일에는 벌을 줌.

활용 대화

어린이 애니메이션은 주로 착한 주인공이 복을 받고, 나쁜 악당은 벌을 받는 **권선징악**적인 내용이 많아.

오늘의 어휘처럼 뿌린 대로 거둔다는 의미를 지닌 다른 말들로는 **인과응보(因果應報)**, **종두득두(種豆得豆)** 등이 있어요.

10월 17

사자성어

소탐대실

小 작을 소 貪 탐할 탐 大 큰 대 失 잃을 실

작은 것을 탐내다가 큰 것을 잃음.

활용 대화

읏, 지금 이 식빵을 다 먹으면 배불러서
나중에 치킨을 제대로 먹지 못할 거야.
나는 **소탐대실**하지 않겠어.

3월
16

눈높이를 맞추다

관용어

상대의 수준에 맞춤.

초등학교 1학년인 동생이 그림책을 지루해해.
동생의 **눈높이에 맞추어**
그림책을 실감 나게 읽어 줘야겠어.

10월

16

아니 땐 굴뚝에 연기 날까

속담

원인이 없으면 결과가 있을 수 없음.

활용 대화

누군가 방귀를 뀌었기 때문에 방귀 냄새가 나는 거야.
아니 땐 굴뚝에 연기 나겠어?

3월

17 눈 깜짝할 사이

관용어

매우 짧은 순간.

내가 좋아하는 가수의 콘서트 티켓이
눈 깜짝할 사이에 매진되었어!

오늘의 어휘는 **순식간**, **삽시간**과 같은 말을 대신해서 쓸 수 있어요.

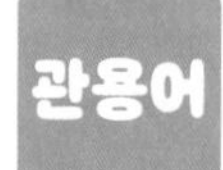

10월
15

목에 힘을 주다

관용어

거만하게 굴거나 남을 깔보는 듯한 태도를 취함.

동생이 수학 시험을 100점 맞더니
일주일째 **목에 힘을 주고** 다녀.
어휴… 좀 겸손해지거라, 동생아!

3월 18

얼굴이 두껍다

관용어

부끄러움을 모르고 반성하지 않음.

활용 대화

잘못을 저지르고도 반성하지 않는 사람들이 있어.
나는 그렇게 **얼굴 두꺼운** 사람이 되진 않을 거야!

일주일 전 배운 어휘가 기억나겠죠? **후안무치**와 같은 뜻이에요.

10월
14

좌정관천

坐 앉을 좌 井 우물 정 觀 볼 관 天 하늘 천

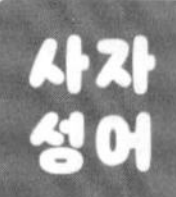

사자성어

우물 속에 앉아서 하늘을 봄.
즉, 사람의 견문이 매우 좁음.

활용 대화

좌정관천의 태도에서 벗어나려면 책을 많이 읽고,
다양한 경험을 해서 세상에 대한 이해를 넓혀야 해.

오늘의 어휘와 비슷한 말 기억하시죠? 바로 **우물 안 개구리!**

3월

19

춘하추동

春 봄 춘 夏 여름 하 秋 가을 추 冬 겨울 동

사자성어

봄, 여름, 가을, 겨울의 네 계절.

활용 대화

우리나라는 **춘하추동** 사계절의 변화가 뚜렷한 나라야.
그래서 난 우리나라가 좋아!
그런데 요즘은 기후변화 위기 때문에 사계절의 구분이
점점 없어지는 것 같아 걱정이야.

10월

13

미꾸라지 한 마리가 온 웅덩이를 흐린다

속담

한 사람의 잘못이 전체에 나쁜 영향을 끼침.

활용 대화

우리 동네는 늘 깨끗했는데, 얼마 전부터 누가 쓰레기를 몰래 버리더라고. **미꾸라지 한 마리가 온 웅덩이를 흐리고** 있어.

3 월

20

참새가 방앗간을 그냥 지나치랴

속담

이득 되는 일이나 좋아하는 것을 그냥 지나치지 못함.

활용 대화

학교 앞에 떡볶이 가게가 새로 생겼네! **참새가 방앗간을 그냥 지나칠** 수 없지. 떡볶이 좋아하는 우리는 저기로 가자!

방앗간은 곡식을 찧거나 빻는 곳이에요. 그러다 보니 참새들이 방앗간 바닥에 떨어진 곡식 알갱이를 주워 먹으러 자꾸 기웃거렸답니다.

10월

12

원수는 외나무다리에서 만난다

꺼리고 싫어하는 대상을 피할 수 없는 곳에서 만나게 됨.

원수는 외나무다리에서 만난다더니,
지난 피구 시합의 결승전에서 맞붙었던
1반과 4반이 이번 결승전에서 다시 만난대!

3월

21

전화위복

轉 구를 전 禍 재앙 화 爲 할 위 福 복 복

사자성어

불행한 일로 걱정이 많았는데,
나중에 오히려 행복한 일로 바뀜.

활용대화

전학을 와서 아는 친구가 한 명도 없네.
괜찮아, **전화위복**의 계기로 삼아서
새로운 친구들을 많이 사귀어 보자.

희로애락

喜 기쁠 희 怒 성낼 로 哀 슬플 애 樂 즐거울 락

기쁨과 노여움과 슬픔과 즐거움.

좋은 책에는 인생의 **희로애락**이 담겨 있대.
그래서 독서를 하면 폭넓은 생각을 할 수 있어.

3 월

22

목마른 사람이 우물 판다

속담

어떤 일에 대하여 절실히 필요한 사람이
그 일을 서둘러서 시작함.

활용 대화

목마른 사람이 우물 판다고,
배가 고픈 내가 식사 준비를 해야지.

10월
10

배꼽을 잡다

웃음을 참지 못하여 배를 움켜잡고 크게 웃음.

배꼽을 잡을 이야기 하나 해 줄게!
호랑이가 흥에 겨우면?
어흥! (어라? 얘들아, 가지 마!)

3월
23

머리를 맞대다

관용어

어떤 일을 의논하거나 결정하기 위하여 서로 마주 대함.

활용 대화

오늘은 세계 기상의 날이야.
국제연합(UN)의 세계 기상 기구에서는 기후변화 위기를 막기 위해 **머리를 맞대며** 연구하고 있어.

머리를 모으다라는 말도 오늘의 어휘와 같은 의미로 쓰여요.

10월 09

밤낮을 가리지 않다

관용어

쉬지 않고 계속함.

활용 대화

오늘은 한글날이야. **밤낮을 가리지 않고** 훈민정음을 만드신 세종대왕님 덕분에 우리는 자랑스러운 한글을 쓰고 있어.

『훈민정음』은 1997년 10월에 유네스코 세계 기록 유산으로도 지정됐어요. **배우기 쉽고 과학적인 한글** 덕분에 우리나라는 세계에서 문맹률이 낮은 편에 속한답니다.

3월 24

타산지석

他 다를 타 山 뫼 산 之 어조사 지 石 돌 석

사자성어

다른 사람의 잘못된 말과 행동에서
교훈을 얻고 나를 발전시킴.

활용대화

놀부를 **타산지석** 삼아 앞으로 나는 욕심부리지 않고
남을 도우며 살 거야.

다른 산의 하찮은 돌이라도 내 옥을 다듬는 데 소용이 된다는 옛이야기
구절에서 유래한 말이에요. 비슷한말로 **반면교사(反面教師)**가 있어요.

10월

08

군계일학

群 무리 군 鷄 닭 계 一 한 일 鶴 학 학

사자성어

닭의 무리 가운데 한 마리의 학.
즉, 많은 사람 가운데서 뛰어난 인물.

활용 대화

저 많은 태권도 시범단 중에 내 동생이 가장 눈에 띄는구나!
군계일학, 역시 내 동생이야!

비슷한말로 **낭중지추(囊中之錐)**가 있어요. 뛰어난 사람은 주머니 속의 송곳처럼 저절로 두각을 나타낸다는 뜻의 사자성어랍니다.

3월 25

물 쓰듯 쓰다

관용어

물건이나 돈을 아끼지 않고 함부로 씀.

물도 소중한 자원이기 때문에 낭비하면 안 돼. 그래서 **'물 쓰듯 쓰다'**라는 말은 이제 바뀌어야 한다고 생각해.

많은 속담, 관용어, 사자성어들은 그 말이 만들어진 **당시의 시대 상황과 문화를 반영**해요. 요즘에 맞게 바꿔 보면 좋을 어휘가 있을지 함께 생각해 보면 어떨까요?

사공이 많으면 배가 산으로 간다

여러 사람이 자기주장만 내세우면
일이 제대로 되기 어려움.

가족회의를 통해서 여행지를 정하려고 했는데,
각자 가고 싶은 곳이 달라서 정하지를 못했어.
역시 **사공이 많으면 배가 산으로 가나** 봐.

3월

26

고래 싸움에 새우 등 터진다

속담

강한 자들끼리 싸우는 통에 아무 상관도 없는
약한 자가 중간에 끼어 피해를 입게 됨.

활용 대화

고래 싸움에 새우 등 터진다고, 나라 사이에
전쟁이 나면 어린이들이 고통을 받아.

찬물을 끼얹다

잘되어 가고 있는 일에 뛰어들어
분위기를 흐리거나 공연히 트집을 잡음.

학예회 공연을 열심히 준비하자!
우리는 모두 한마음 한뜻이니까, 괜한 불평불만으로
찬물을 끼얹는 일은 없을 거야.

비슷한말로 **산통 깨다**, **초를 치다** 등이 있어요.

3월 27

금란지교

金 쇠 금 蘭 난초 란 之 어조사 지 交 사귈 교

사자성어

쇠처럼 단단하고 난처럼 향기가 배어 나오는
아름답고 두터운 우정.

연우와 나는 1학년 때부터 지금까지 단짝 친구야.
우리 사이는 **금란지교**라고 할 수 있어.

10월

05

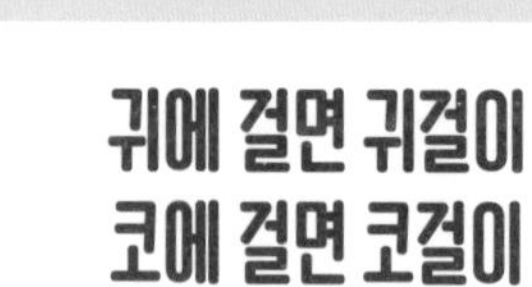

귀에 걸면 귀걸이 코에 걸면 코걸이

속담

일정한 원칙 없이 둘러대기에 따라
이렇게도 되고 저렇게도 될 수 있음.

활용 대화

귀에 걸면 귀걸이 코에 걸면 코걸이식으로
심판을 보면 제대로 피구 시합을 할 수가 없어!

오늘의 어휘는 **보는 관점에 따라 다르게 해석될 수 있다**는
뜻으로도 쓰여요.

3월 28

파김치가 되다

관용어

몹시 지쳐서 나른하게 됨.

활용 대화

학교를 마치고 영어 학원, 수학 학원, 피아노 학원까지 다녀오는 날은 정말 **파김치가 되는** 것 같아.

파김치를 담그면 빳빳했던 파가 익어서 흐물흐물해지는데, 그러한 상태를 비유하는 말이에요. 비슷한말로 **진이 빠지다**, **녹초가 되다** 등이 있어요. 녹초는 녹은 초를 뜻해요.

10월 04

간에 붙었다 쓸개에 붙었다 한다

속담

자기에게 조금이라도 이익이 되면 지조 없이
이편에 붙었다 저편에 붙었다 함.

활용 대화

너는 탕수육 찍먹파야, 아니면 부먹파야?
간에 붙었다 쓸개에 붙었다 하지 말고 확실히 결정하렴!

비슷한말로 **박쥐구실**이 있어요. 눈치를 보다가 우세한 편에 붙는
기회주의를 **박쥐의 두 마음**이라는 어휘로 표현하기도 한답니다.

3월

29

비몽사몽

非 아닐 비 夢 꿈 몽 似 같을 사 夢 꿈 몽

사자성어

완전히 잠이 들지도 잠에서 깨어나지도 않은
어렴풋한 상태.

활용 대화

새벽에 잠이 깼는데 목이 마르더라고.
그래서 졸음이 가시지 않은 **비몽사몽** 중에
물을 마셨어.

10월 03

고진감래

苦쓸고 盡다할진 甘달감 來올래

사자성어

쓴 것이 다하면 단것이 옴.
즉, 고생 끝에 즐거움이 옴.

활용대화

오늘은 개천절! 우리 민족 최초 국가인 고조선 건국을 기념하는 날이야. 단군신화에는 곰이 **고진감래** 끝에 사람이 되어 단군을 낳았다는 이야기가 나와 있어.

개천절의 한자를 풀이하면 열 개(開), 하늘 천(天), 기념일 절(節)이에요. 즉, 하늘이 열린 날이라는 의미를 지닌 낱말이랍니다.

3월 30

되로 주고 말로 받는다

속담

조금 주고 그 대가로 몇 곱절이나 많이 받는 경우.

활용 대화

동생한테 장난을 치려고 게임기를 숨겼는데 동생이 엄마한테 고자질해서 내 만화책을 몽땅 뺏겼어. **되로 주고 말로 받은** 꼴이 되어 버렸네.

되는 곡식 등의 부피를 재는 단위인데 그 열 배가 바로 **말**이에요.

10월 02

귀 빠진 날

관용어

세상에 태어난 날.

활용 대화

상철아, 생일 축하해! **귀 빠진 날**인데 미역국은 먹었니?
가족들과 즐거운 시간 보내길 바랄게.

아기가 세상에 태어날 때 **머리의 귀가 빠져나오는 모습**에서
유래된 말이에요.

3월 31

발 벗고 나서다

관용어

적극적으로 나섬.

휴대전화를 잃어버렸는데, 우리 반 친구들이 마치 자기 일처럼 **발 벗고 나서서** 찾아 주었어.

오늘의 어휘와 비슷한 말 기억하시죠? 바로 **소매를 걷다!**

10월 01

가슴이 벅차다

관용어

큰 감격이나 기쁨으로 마음이 뿌듯해짐.

활용 대화

오늘은 국군의 날이야!
국군의 날 행사에서 본 우리 대한민국 국군 장병들의
늠름한 모습을 보니, 나도 모르게 **가슴이 벅찼어.**

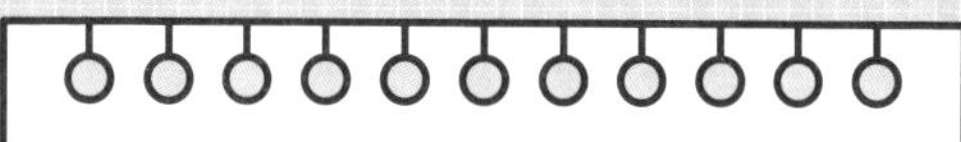

4월

10월

4월 01

콩으로 메주를 쑨다 해도 곧이 안 믿는다

속담

상대방이 아무리 참말을 해도 믿지 않음.

활용 대화

오늘은 만우절이지. 크크, 친구들이 오늘 하루 동안 하는 말은 **콩으로 메주를 쑨다 해도 곧이 안 믿을** 거야!

메주는 노란 콩을 재료로 만들죠. 이처럼 오늘의 어휘에는 **신뢰를 잃으면 아무리 참말을 해도 믿지 않는다**는 교훈도 담겨 있어요.

9월
30

공든 탑이 무너지랴

속담

힘과 정성을 다하여 한 일은
그 결과가 반드시 헛되지 않음.

활용 대화

학예회 공연을 위해 열심히 연습했어.
공든 탑이 무너지랴, 학예회에서
우리의 멋진 실력을 뽐낼 예정이야!

4월 02

적반하장

賊 도둑 적 反 뒤집을 반 荷 규탄할 하 杖 지팡이 장

사자성어

도둑이 도리어 매를 듦. 즉, 잘못한 사람이
아무 잘못도 없는 사람을 나무라는 상황.

활용 대화

내 색연필을 몰래 가져간 상철이에게 돌려 달라고 하니
오히려 화를 내더라. **적반하장**이지 뭐야!

오늘의 어휘와 비슷한 말 기억하시죠? 바로 **방귀 뀐 놈이 성낸다!**

9월 29

사필귀정

事 일 사 必 반드시 필 歸 돌아갈 귀 正 바를 정

사자성어

무슨 일이든 결국 옳은 이치대로 돌아감.

활용 대화

반칙을 쓰지 않고 정직한 경기를 펼치는 우리 피구 팀이 결국 우승할 거야. **사필귀정**이라는 말도 있잖아.

오늘의 어휘에는 **뿌린 대로 거둔다**는 교훈이 담겨 있어요.

가시방석에 앉다

관용어

불안하거나 초조한 느낌이 듦.

활용 대화

부모님께 거짓말을 하면 **가시방석에 앉은** 것처럼 불안해.
앞으로 부모님께 항상 정직한 모습을 보여 드릴래.

비슷한말로 **바늘방석에 앉다**가 있어요.

9월 28

교언영색

巧 공교로울 교 言 말씀 언 令 좋을 영(령) 色 빛 색

사자성어

남의 환심을 사기 위해 교묘하게 말을 하고
아첨하는 얼굴 표정을 지음.

활용 대화

뉴스를 보면, **교언영색**으로 사기를 쳐서 선량한 시민들을
괴롭히는 범죄자들이 있더라. 그래서 나의 꿈은
그들로부터 시민들을 보호하는 경찰이 되는 것이야.

4월
04

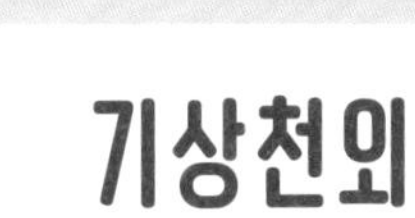

기상천외

奇 기이할 기 想 생각 상 天 하늘 천 外 바깥 외

사자성어

기발하거나 엉뚱한 상상이나 생각.

활용 대화

뭐라고? 똥을 음식으로 바꾸는 기술을 발명해서,
인류의 식량 위기를 해결하고 지구 환경도 지키겠다고?
기상천외한걸!

9월

27

죽마고우

竹대죽 馬말마 故옛고 友벗우

사자성어

대나무 말을 타고 놀던 오랜 친구.
즉, 어릴 때부터 같이 놀며 자란 친구.

활용 대화

상철이와는 올해 처음 같은 반이 됐지만,
한동네에서 같이 자란 **죽마고우**처럼 누구보다 친해졌어.

대나무 말은 두 개의 대막대기에 발판을 붙여 만든 것으로,
죽마라고도 해요. 옛날 아이들은 죽마를 타고 달리는
죽마놀이를 하며 놀았다고 해요.

4월 05

뿌리가 깊다

관용어

어떤 일이나 사물이 연유하는 바가 오래됨.

활용 대화

오늘은 식목일! 식목일은 나무를 많이 심고 가꾸기 위해 나라에서 정한 뿌리 깊은 기념일이야.

오늘의 어휘는 이처럼 그 **역사나 전통이 오래되었다**는 의미를 나타낼 때 주로 써요.

9월
26 냉수 먹고 이 쑤시기

속담

실속은 없으면서 무엇이 있는 체함.

활용 대화

도서관에 가서 책을 많이 읽은 척하더니 만화책만 읽다 왔잖아! **냉수 먹고 이 쑤신** 셈이네!

냉수만 마셔 놓고는 **마치 밥을 잘 먹은 척**하며 이를 쑤신다는 뜻에서 유래한 말이에요.

4월

06

본전도 못 찾다

관용어

아무 보람이 없이 끝나서 오히려 하지 않은 것만 못함.

채소를 먹기 싫다고 부모님께 말씀드렸는데, 오늘 저녁 식사가 채소 볶음밥이야. 괜히 말씀드려서 **본전도 못 찾았네.** 흑흑.

본전은 장사나 사업을 할 때 본밑천으로 들인 돈, 혹은 이자가 붙지 않은 원래 금액을 뜻해요.

9월
25

우물 안 개구리

속담

사회의 형편을 모르는, 견문이 좁은 사람.

활용 대화

세계 여행을 다니면서 다양한 경험을 하고
견문을 넓힐 거야. **우물 안 개구리**에 머물 수는 없지.

오늘의 어휘는 사자성어로 **정저지와(井底之蛙)**라고 표현해요.
비슷한 뜻을 지닌 사자성어로 우물 안에 앉아 하늘을 본다는 뜻의
좌정관천이 있어요.

귀에 못이 박히다

관용어

같은 말을 너무나 여러 번 들음.

외출하고 돌아오면 손을 꼭 씻어야 한다고
어른들이 **귀에 못이 박히게** 말씀하셨어.

비슷한말로 **귀에 딱지가 앉다, 귀에 싹이 나다** 등이 있어요.

9월 24

비행기를 태우다

관용어

남을 지나치게 칭찬하거나 높이 추어올려 줌.

동생에게 짜장라면을 끓여 주었어. 동생이 맛있다고 감탄하면서, 최고의 요리사라고 **비행기를 태우더라고.** 훗, 내가 요리에 소질이 좀 있나 봐.

속수무책

束 묶을 속 手 손 수 無 없을 무 策 계책 책

손을 묶은 것처럼 어찌할 도리가 없어 꼼짝 못 함.

어항에 있는 물고기들이 **속수무책**으로 병에 걸리고 있어!
어떻게 해야 하지?

9월 23

작심삼일

作 만들 작 心 마음 심 三 석 삼 日 날 일

사자성어

단단히 먹은 마음이 사흘을 가지 못함.
즉, 결심이 굳지 못함.

활용 대화

앞으로 동생과 싸우지 않겠다고 결심했어.
작심삼일로 끝나지 않을 거야!
어라? 동생아, 내 아이스크림 먹지 마! 혼나 볼래?

명실상부

名 이름 명 實 열매 실 相 서로 상 符 부합할 부

명성과 실제 모습이 서로 꼭 맞음.

여기가 유명한 떡볶이 맛집이라고 하더라.
명실상부, 직접 먹어 보니 그 이유를 알 것 같아.

부(符)는 옛날에 서로 간의 증표로 삼았던 물건인 **부신**을 뜻해요.
명실상부의 반대말로는 이름만 그럴싸하고 실속이 없다는 뜻의
유명무실(有名無實)이 있어요.

9월

22

기호지세

騎 말탈 기 虎 범 호 之 어조사 지 勢 기세 세

사자성어

호랑이를 타고 달리는 기세.
즉, 이미 시작한 일이라 도중에 그만둘 수 없는 상황.

활용대화

내일 옆 반 친구들과 시합을 하기로 정한 이상 되돌릴 수 없어.
기호지세의 상황에서 열심히 겨뤄 보자.

호랑이를 타고 달리는 도중에 내리면 잡아먹히고 말겠죠?
오늘의 어휘는 이처럼 **끝까지 할 수밖에 없는 상황**을 나타내요.

4월 10

뜨거운 맛을 보다

관용어

호된 고통이나 어려움을 겪음.

활용 대화

복도에서 뛰다가 넘어져서 **뜨거운 맛을 보았어.**
끙… 심하게 다친 것 같아.

9월 21

역지사지

易 바꿀 역 地 땅 지 思 생각 사 之 어조사 지

사자 성어

상대방의 입장에서 생각해 보고 이해함.

활용 대화

역지사지의 마음으로 서로를 이해한다면,
우리 교실에서는 싸움이 날 일이 없겠어.

반대되는 의미를 지닌 말로 **아전인수(我田引水)**가 있어요.
자기 논에만 물을 끌어 대는 것처럼 이기적인 태도를 뜻하는 말이에요.

4월

11

사생결단

死 죽을 사 生 살 생 決 결단할 결 斷 끊을 단

사자성어

죽고 사는 것을 돌보지 않고 끝장을 내려고 함.

활용 대화

드디어 우리 학교 피구부가 결승전에 진출했어.
선수들의 눈빛에 **사생결단**의 각오가
담겨 있는 게 보여.

9월

20

독서상우

讀읽을 독 書글 서 尙높일 상 友벗 우

사자성어

책을 읽음으로써 옛날의 현명한 사람들과 벗이 될 수 있음.

활용 대화

훌륭한 위인들의 전기문을 읽으면,
많은 가르침을 얻게 되지.
이런 경우를 **독서상우**라고 할 수 있단다.

꼬리가 길면 잡힌다

나쁜 짓을 오래 하다 보면 결국 들킴.

영양제가 너무 써서 매번 먹는 척만 하고 실제로는 몰래 뱉어 냈거든. 그런데 **꼬리가 길면 잡힌다**고, 엄마한테 걸려서 엄청 혼났어.

오늘의 어휘는 **꼬리가 길면 밟힌다**라는 말과 같은 뜻을 지녀요. 여기서 '꼬리'는 사람을 찾거나 쫓아갈 수 있을 만한 흔적을 뜻한답니다.

9월

19

계란으로 바위 치기

속담

도저히 이길 수 없는 경우.

활용 대화

우리가 아무리 축구를 잘하는 아이들이지만,
중학생 선배들과의 시합은 무리야.
계란으로 바위 치기라고!

4월 13 풀이 죽다

관용어

어떤 기운이 크게 올랐다가 꺾임.

활용 대화 처음에는 기세가 좋던 상대 팀 피구 선수들이
시합 결과가 좋지 않자 **풀이 죽었어.**

오늘의 어휘에서 **풀**은 옷감을 빳빳하게 펴기 위해서
쌀가루나 밀가루를 물에 풀어 끓인 것을 가리켜요.

9월 18

오지랖이 넓다

관용어

무슨 일에나 앞장서서 간섭하고 참견하고 다님.

활용 대화

내 동생은 **오지랖이 넓어.** 내 옷을 사는 데 굳이 따라와서 여러 가지 옷을 골라 주더라고.

오지랖은 웃옷의 앞자락을 가리키는 말이에요.

4월 14

손을 씻다

관용어

나쁜 일을 그만둠.

활용 대화

나는 친구들을 괴롭히는 짓에서 손을 씻었어.
그게 옳지 못한 행동이라는 것을 알았거든.

9월
17

천고마비

天 하늘 천 高 높을 고 馬 말 마 肥 살찔 비

사자성어

하늘이 맑아 높고 푸르게 보이며
온갖 곡식이 익는 가을철.

활용대화

천고마비의 계절, 가을이 왔구나! 헤헤, 말이 살찌는 것은 잘 모르겠지만, 나는 확실히 살이 찐 것 같아. 맛있는 과일과 음식을 잔뜩 먹었어.

날씨가 좋아 곡식이 풍성한 덕분에 말도 잘 먹어서 살이 찌는 시기, 바로 가을이겠죠?

천재지변

天 하늘 천 災 재앙 재 地 땅 지 變 변할 변

홍수, 지진, 가뭄, 태풍 따위의
자연현상에서 비롯된 재앙.

천재지변으로 인해서 농사를 짓는 우리 집은
큰 피해를 입었어. 기후변화 때문인지
올해는 유독 태풍과 홍수가 자주 왔거든.

9월

16

발 없는 말이 천 리 간다

속담

말을 조심해야 한다는 뜻.

활용 대화

발 없는 말이 천 리 간다라더니, 내가 어제 수업 시간에 방귀를 뀐 일이 벌써 전교에 소문이 났어!

사람이 뱉는 말에는 당연히 발이 달려 있진 않지만
그만큼 **순식간에 멀리 퍼질 수 있다**는 데서 유래한 말이에요.

4월 16

그림의 떡

속담

아무리 마음에 들어도 이용할 수 없거나 차지할 수 없음.

활용 대화

상점에 전시된 장난감을 사고 싶었지만 **그림의 떡**이야.
용돈이 부족해서 구경만 했어.

오늘의 어휘는 사자성어로 **화중지병(畵中之餠)**이라고 표현해요.
병(餠)은 떡을 뜻하는 한자랍니다.

9월
15

도마 위에 오르다

관용어

어떤 사물이 비판의 대상이 됨.

활용 대화

네 별명을 부르며 놀렸던 일이
도마 위에 오르면서 나도 많이 반성했어.
정말 미안해. 앞으로 안 그럴게.

4월
17

입만 아프다

관용어

애써 자꾸 말을 했는데
상대방이 받아들이지 않아 보람이 없음.

활용 대화

동생에게 내 장난감을 허락 없이
가지고 놀지 말라고 말했지만,
내 **입만 아프다.** 도통 내 말을 듣지 않아.

9월 14

박장대소

拍칠박 掌손바닥장 大큰대 笑웃을소

사자성어

손뼉을 치며 크게 웃음.

재미있는 이야기를 해 주지! 사과가 웃으면?
풋사과! 푸하하하하!
(나만 **박장대소**를 하고 아무도 웃지 않았다.)

4월 18

발본색원

拔 빼발 本 뿌리 본 塞 막을 색 源 근원 원

사자성어

나쁜 일의 근본 원인을 모조리 없앰.

활용 대화

집 안에 초파리가 부쩍 많아졌어. **발본색원**하기 위해 음식물 쓰레기를 바로 치우자.

9월 13

가재는 게 편

속담

모습이나 상황이 비슷한 친구끼리
서로 돕거나 편을 들어 주며 어울림.

활용 대화

가재는 게 편이라더니, 영식이랑 진아는 동생이라서 그런지 맏이인 내 마음은 몰라주고 내 동생 편을 들지 뭐야.

비슷한말로 **팔은 안으로 굽는다**, **초록은 동색** 등이 있어요.

4월 19

우물을 파도 한 우물을 파라

속담

여러 일을 하는 것보다 한 가지를 꾸준히 해야 성공함.

활용 대화

태권도 학원, 발레 학원, 축구 학원, 농구 학원을 모두 다닌다고? **우물을 파도 한 우물을 파야지.** 한 가지만 선택해서 집중해 보는 것은 어떨까?

비슷한말로 **우공이산(愚公移山)**이 있어요. 우공이란 노인이 매일 흙을 퍼 날라서 산을 옮겼다는 이야기에서 유래한 사자성어랍니다.

9월 **12**

호랑이 없는 골에 토끼가 왕 노릇 한다

속담

뛰어난 사람이 없는 곳에서
그보다 능력이 부족한 사람이 잘난 체함.

활용 대화

호랑이 없는 골에 토끼가 왕 노릇 한다더니…
우리 반 팔씨름 챔피언이었던 지현이가 전학을 가니,
상철이가 팔씨름왕이라고 으스대더라고.

비슷한 속담으로 **호랑이 없는 곳에서 여우가 왕 노릇 한다**가 있어요.

눈이 트이다

관용어

오늘 중요한 사실을 알았어!

차이는 서로 다른 것일 뿐, 차별의 이유가 될 수 없다는 사실!

사물이나 현상을 판단할 줄 알게 됨.

오늘은 장애인의 날이라 학교에서
장애 이해 교육을 받았어. 덕분에 장애인의 인권에 대해
눈이 트이게 된 것 같아.

9월

11

물 만난 물고기

관용어

자신의 능력을 더 크게 펼칠 환경이나 기회를 만남.

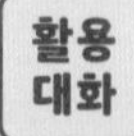

활용 대화

그림을 잘 그리는 내 짝꿍은 미술 시간만 되면
물 만난 물고기 같아. 손이 안 보일 정도로
빠르게 그림을 뚝딱 그려 내더라고.

격세지감

隔 사이 뜰 격 世 세상 세 之 어조사 지 感 느낄 감

사자성어

몰라보게 변하여 아주 다른 세상이 된 것 같은 느낌.

오늘은 과학의 날이야. 과학기술의 발달로
세상은 많은 변화를 겪고 있어.
예전과 비교하면 **격세지감**이랄까.

9월

10

유비무환

有 있을 유 備 갖출 비 無 없을 무 患 근심 환

사자성어

미리 준비가 되어 있으면 걱정이 없음.

활용 대화

일기예보에 없던 소나기가 쏟아지고 있어.
하지만 나는 우산을 챙겨 와서 걱정이 없지.
유비무환이라니까!

4월 22

속이 타다

관용어

걱정 때문에 불안하고 초조함.

활용 대화

오늘은 지구의 날이야.
환경오염과 기후변화 위기 때문에 우리의 미래는
어떻게 될는지… 아주 **속이 타고** 있어.

9월

09

손꼽아 기다리다

관용어

기대에 차 있거나 안타까운 마음으로
날짜를 꼽으며 기다림.

활용 대화

내일 급식 반찬은 삼겹살이야!
내일이 빨리 왔으면 좋겠다.
내일 급식 시간을 **손꼽아 기다리고** 있어!

4월 23

감지덕지

感느낄감 之갈지 德덕덕 之갈지

사자성어

분에 넘치는 듯싶어 매우 고맙게 여기는 모양.

활용 대화

상철이가 팔이 다친 나를 위해 한 달 동안
수업 필기를 대신 해 줬어.
감지덕지해서 눈물이 날 뻔했어.

9월

08

개천에서 용 난다

속담

어렵고 힘든 환경에서 뛰어난 인물이 남.

활용 대화

개천에서 용 난다라는 말을 대표하는 위인들이 있어.
예를 들어, 장영실은 낮은 신분으로 태어났지만,
조선 시대의 훌륭한 과학자이자 발명가가 되었지.

비 온 뒤에 땅이 굳어진다

비가 와서 질척거리던 땅은 마르고 나면 더 단단해짐.
즉, 어떤 어려운 일을 겪은 뒤에 더욱 강해짐.

비 온 뒤에 땅이 굳어진다더니,
상철이와 크게 싸우고 서로 화해한 뒤로는
사이가 더욱 좋아졌어.

9월

07

촌철살인

寸 마디 촌 鐵 쇠 철 殺 죽일 살 人 사람 인

사자성어

간단한 말로 남을 감동시키거나 약점을 찌를 수 있음.

활용 대화

세계 평화를 바란다는 어린이들의 외침이
촌철살인처럼 어른들의 마음을 움직였어.

촌철은 작고 날카로운 쇠붙이나 무기를 가리켜요.

4월 25

청산유수

靑 푸를 청 山 뫼 산 流 흐를 유(류) 水 물 수

사자성어

푸른 산에 흐르는 맑은 물처럼 막힘없이 말을 잘함.

활용 대화

학급 회의에서 의견을 말하는 너의 모습이 정말 **청산유수**구나! 어쩌면 그렇게 말을 잘하니?

9월

06

무릎을 치다

관용어

몹시 놀랍거나 기쁜 일이 있을 때나
좋은 생각이 떠올랐을 때 감탄함.

활용 대화

자원을 아끼고 분리배출을
철저히 하는 것이 바로 지구를 지키는 방법이래.
무릎을 치게 만드는 답변이야!

4월

26

감나무 밑에 누워서 감 떨어지기를 기다리다

속담

아무 노력도 하지 않으면서
좋은 결과만 이루어지기를 바람.

활용 대화

공부도 안 하고 시험에서 100점 맞기를 원하는 거야?
마치 **감나무 밑에 누워서**
감 떨어지기를 기다리는 것 같잖아!

9월

05

막상막하

莫 없을 막 上 위 상 莫 없을 막 下 아래 하

사자성어

더 낫고 더 못함의 차이가 거의 없음.

활용 대화

피구랑 축구 중에서 뭐가 더 좋냐고? 음… **막상막하**야.
하나만 선택하기 어려운걸.

비슷한말로 **백중지세**, **난형난제**, **호각지세** 등이 있어요.
상황에 따라 적절한 어휘를 활용해 써 봐요.

4월 27

못 먹는 감 찔러나 본다

속담

자기 것으로 만들지 못할 바에야 심술을 부려
남도 갖지 못하게 못쓰게 만들자는 고약한 마음.

동생이 이가 아파 오징어구이를 먹지 못하니 나도 못 먹게 하려고 몰래 숨겨 놨어. **못 먹는 감 찔러나 본다**는 심보라고!

감을 콕콕 찔러 구멍을 내면 남이 먹기 어렵겠죠?
오늘의 어휘는 이런 상황을 뜻한답니다.

9월

04

하늘이 노랗다

관용어

어떤 일을 지나치게 해서 피곤하고 기운이 없음.
또는 큰 충격을 받아 정신이 아찔함.

활용 대화

밤새 수학 공부를 하고 오늘 수학 시험을
보았는데 결과가 좋지 못하네.
하늘이 노랗구나!

4월 28

구미가 당기다

관용어

욕심이나 관심이 생김.

활용 대화

『옥이샘의 초등 문해력툰 365』로 속담, 관용어, 사자성어를
한꺼번에 쉽고 재미있게 익힐 수 있다고? **구미가 당기는데!**

구미(口味)는 음식을 먹을 때 입에서 느끼는 맛을 뜻해요.

9월

03

몸을 던지다

관용어

적극적으로 어떤 일에 열중함.

활용
대화

상철이가 이번 운동회 준비에
몸을 던지고 있어. 이번에는 꼭 달리기에서
1등을 하고 싶대.

4월 29

노발대발

怒 성낼 노 發 일어날 발 大 큰 대 發 일어날 발

몹시 화가 나서 펄펄 뜀.

서로 의견의 차이가 있을 때는 **노발대발**하지만 말고 대화로 해결해 보자.

비슷한말로 **분기탱천(憤氣撑天)**이 있어요. 분한 마음이 하늘을 찌를 듯이 격렬하게 솟구쳐 오르는 모양을 가리키는 어휘랍니다.

9월

02

파죽지세

破 깨뜨릴 파 竹 대 죽 之 어조사 지 勢 기세 세

사자성어

대나무를 쪼개는 듯한 기세.
즉, 거침없이 물리치고 쳐들어가는 강한 기세.

활용 대화

우리 반이 운동회 축구 대항전에서
파죽지세로 승리를 거두고 있어.
마지막까지 방심하지 말고 최선을 다하자.

4월 30

난형난제

難 어려울 난 兄 형 형 難 어려울 난 弟 아우 제

사자성어

두 사물이 비슷하여 낫고 못함을 정하기 어려움.

활용 대화

간식으로 피자를 먹을까, 치킨을 먹을까?
난형난제라서 고민이군. 결국 두 개 모두 시켰지!

옛날 중국에 한 형제가 있었는데, 둘 다 똑같이 뛰어나서 **누구를 형이라 누구를 아우라 하기 어렵다**고 했다는 데서 유래한 말이에요.

9월 01

호랑이에게 물려 가도 정신만 차리면 산다

속담

아무리 위급한 경우에도 정신만 똑똑히 차리면
위기를 벗어날 수가 있음.

활용 대화

갑자기 화재 경보 소리가 크게 울렸어.
호랑이에게 물려 가도 정신만 차리면 산다고 했지.
선생님께 배운 대로 침착하게 대피하자.

5월

9월

독 안에 든 쥐

궁지에서 벗어날 수 없는 처지.

술래잡기를 하면서 쫓기다가 막다른 구석으로 몰렸어.
끄응, **독 안에 든 쥐**인걸.

오늘의 어휘에서 **독**은 **장독**을 가리켜요.

8월 31

빛 좋은 개살구

속담

겉만 그럴듯하고 실속이 없는 경우.

활용 대화

내 자전거는 겉모습은 멋진데, 사실은 페달도 고장 났고 안장도 불편해. **빛 좋은 개살구**야.

비슷한말로 **유명무실(有名無實)**, **속 빈 강정**이 있어요.
개살구는 개살구나무의 열매로, 맛이 시고 떫어서 잘 먹지 않아요.

5월

02 쥐구멍에도 볕 들 날 있다

속담

지금 당장은 몹시 고생이 심해도
언젠가는 좋은 날이 온다.

활용 대화

쥐구멍에도 볕 들 날 있다라는 말처럼
지금은 우리가 힘들게 공부해도
나중에 좋은 결과가 있을 거야.

8월

30

기사회생

起 일어날 기 死 죽을 사 回 돌아올 회 生 살 생

사자성어

죽을 고비에서 겨우 살아남.

활용 대화

3 대 0으로 지고 있던 우리 국가대표 축구팀이 역전에 성공했어. 덕분에 우리나라가 결승전에 진출할 수 있어. **기사회생**했지 뭐야.

5월 03

살신성인

殺 죽일 살 身 몸 신 成 이룰 성 仁 어질 인

사자성어

자신을 희생해서 옳은 일을 함.

활용 대화

조국을 위해 **살신성인**의 자세로
나라를 지키신 분들 덕분에 지금의 우리가 있는 거야!

8월

29

풍전등화

風바람 풍 前앞 전 燈등불 등 火불 화

사자성어

바람 앞의 등불처럼 곧 꺼질 듯이 위태로운 상황.

활용 대화

우리 팀 피구 선수들이 대부분 공에 맞고
이제 한 명밖에 남지 않았어.
풍전등화의 순간이라고!

고양이 목에 방울 달기

실제로 하기 어려운 일을 의미 없이 의견만 나눔.

선생님께 체육 시간을 한 주에 열 시간으로
늘려 달라고 제안드리자! 누가 할래? 뭐?
고양이 목에 방울 달기라고…?

8월
28

배가 등에 붙다

관용어

먹은 것이 없어서 배가 홀쭉하고 몹시 허기짐.

활용 대화

늦잠을 자는 바람에 아침밥을 못 먹었더니
배가 등에 붙은 것 같아.
그래서 오늘 급식 메뉴가 뭐라고?

5월 05

시기상조

時 때 시 機 기회 기 尙 오히려 상 早 이를 조

사자성어

어떤 일을 하기에 아직 때가 이름.

활용 대화

어린이날을 축하해!
뭐? 어린이날 선물로 도로에서 자동차를 운전하고 싶다고?
아직은 위험하기 때문에 **시기상조**란다.

8월
27

애가 마르다

관용어

몹시 안타깝고 초조하여 속이 상함.

활용 대화

독감에 걸린 동생이 밤새 기침하고
잠을 제대로 못 잤어. 걱정돼서 **애가 말라.**

애는 창자를 나타내는 순우리말로, 초조한 마음속 또는
몹시 수고로움을 뜻하는 말로 쓰여요.

발이 넓다

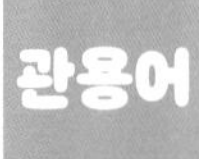

관용어

아는 사람이 많아서 인간관계가 넓음.

연우가 **발이 넓으니까** 이번 전교 학생자치회장 선거에서 유리하지 않을까?

8월 26

개똥도 약에 쓰려면 없다

속담

평소에 흔하던 것도 막상 긴하게 쓰려고 구하면 없음.

활용 대화

친환경 화분 만들기에 쓸 플라스틱 병이 필요한데,
개똥도 약에 쓰려면 없다더니 막상 찾으려니 안 보여.

어휘의 뜻풀이에 나타난 **긴하다**라는 말에는
꼭 필요하다, 매우 간절하다는 뜻이 있어요.

발목을 잡다

관용어

어떤 일을 방해함.
또는 속박에서 벗어나지 못하게 함.

활용 대화

수학 공부를 소홀히 했더니,
수학 시험 결과가 발목을 잡는구나!

8월
25

다 된 밥에 재 뿌리기

속담

거의 다 된 일을 실수나 누군가의 방해로
망쳐 버리는 경우.

활용 대화

정성스럽게 그림을 그렸는데, 마지막에 실수로
물감을 그림에 흘리는 바람에 **다 된 밥에 재 뿌리고** 말았어.

비슷한말로 **다 된 죽에 코 빠뜨린다**라는 속담이 있어요.

5월

08

가지 많은 나무에 바람 잘 날 없다

속담

자식을 많이 둔 부모는 걱정이 그칠 날이 없음.

활용 대화

가지 많은 나무에 바람 잘 날 없다는 말도 있듯이 부모님은 늘 우리를 걱정하고 계시더라고.

오늘은 **어버이날**이에요. 부모님께 카네이션을 달아 드리며 감사 인사를 전해 보면 어떨까요?

8월

24

간 떨어지다

관용어

순간적으로 몹시 놀람.

활용 대화

어두운 골목에서 고양이가 갑자기
튀어나오는 바람에 깜짝 놀랐어!
휴우, **간 떨어질** 뻔했네!

5월

09

입신양명

立 설 입(립) 身 몸 신 揚 오를 양 名 이름 명

사자성어

높은 지위에 오르거나 성공해서 이름을 세상에 떨침.

어려운 환경 속에서도 **입신양명**하여
훌륭한 업적을 남긴
역사 속 위인들의 이야기를 읽고 있어.

8월 23

호미로 막을 것을 가래로 막는다

적은 힘으로 충분히 처리할 수 있는 일에
쓸데없이 많은 힘을 들이는 경우.

어휘를 하루에 한 개씩만 외웠으면 쉬웠을 텐데…
호미로 막을 것을 가래로 막는다더니,
밀려서 한꺼번에 외우려니 너무 힘들어.

가래는 삽과 모양이 비슷한, 커다란 농기구예요.

5월
10

말 한마디에 천 냥 빚도 갚는다

속담

말만 잘하면 어려운 일이나 불가능해 보이는 일도 해결할 수 있음.

활용 대화

고려의 외교관 서희는 말로써 거란군을 물리쳤어.
말 한마디에 천 냥 빚도 갚은 셈이지.

우이독경

牛소 우 耳귀 이 讀읽을 독 經글 경

아무리 가르치고 일러 주어도 알아듣지 못함.

에너지 절약의 중요성에 대해서 전문가들이 수없이 말했지만, **우이독경**처럼 이를 따르지 않는 일부 사람들이 있어.

쇠귀에 경 읽기라는 속담과 같은 뜻인 것, 기억하시죠?

어부지리

漁고기잡을 어 夫사내 부 之어조사 지 利이로울 리

사자성어

두 사람이 맞붙어 싸우는 바람에
엉뚱한 사람이 힘들이지 않고 이득을 챙김.

활용 대화

오빠랑 언니가 싸우는 동안
내가 **어부지리**로 혼자 치킨을 다 먹을 수 있었어.

서로 싸우는 조개와 도요새를 본 **어부가 둘 다 잡아 이득을 챙겼다**는
일화에서 유래한 어휘랍니다.

8월 21

간담이 서늘하다

관용어

몹시 놀라서 섬뜩함.

활용 대화

기후변화 위기가 계속된다면, 우리 지구의 운명은 어떻게 될까? 상상만 해도 **간담이 서늘해지는구나.**

간담은 간과 쓸개를 아울러 이르는 말이에요.

5월

12

발이 떨어지지 않다

관용어

걱정 때문에 마음이 놓이지 않아 선뜻 떠날 수 없음.

아빠가 먼 지역으로 오랫동안 출장을 가시게 되었어.
우리 가족 생각에 **발이 떨어지시지 않는**
아빠 모습을 보면서 나도 눈물이 나왔어.

8월

20

호랑이는 죽어서 가죽을 남기고 사람은 죽어서 이름을 남긴다

속담

사람은 살아생전에 훌륭한 일을 하여
후세에 빛나는 이름을 남겨야 함.

활용 대화

호랑이는 죽어서 가죽을 남기고 사람은 죽어서 이름을 남긴다는 말이 있어. 나는 세상에 도움을 준 환경보호 운동가로 사람들에게 기억되고 싶어.

오늘의 어휘는 사자성어로 **호사유피(虎死留皮)**라고 표현해요.

5월 13

하루에도 열두 번

관용어

어떤 일이 매우 빈번하게 일어남.

멀리 떨어져 계신 아빠의 모습이
하루에도 열두 번 떠올라. 아빠, 보고 싶어요.

옛날 우리나라는 하루를 24시간이 아니라 12시간으로
구분했어요. 즉, 오늘의 어휘에는 **하루에 매시간 일어날 만큼
빈번하다**는 뜻이 담겨 있어요.

8월

19

개밥에 도토리

속담

따돌림을 받아서 어울리지 못하는 사람.

활용 대화

개밥에 도토리처럼 어떤 친구를 따돌리는 행위는 학교폭력이야. 학교폭력은 멈추고, 우리 모두 사이좋게 지내자.

개가 도토리를 먹지 않는 까닭에 **개밥 속에 도토리가 있어도 남긴다**는 데서 유래한 말이에요.

5월 14

내 코가 석 자

속담

내 사정이 급하고 어려워서 남을 돌볼 여유가 없음.

활용 대화

종이접기 시간에 내 짝을 도와줄 수가 없어.
나도 어려워서 **내 코가 석 자**야.

오늘의 어휘에서 **코**는 콧물을 의미해요.
석 자는 약 90센티미터의 길이를 뜻하지요. 즉, 내 콧물이
길게 늘어진 상황에서는 남을 신경 쓸 여유가 없겠죠?

8월

18

밑 빠진 독에 물 붓기

속담

아무리 애를 써도 보람이 없는 일.

활용 대화

무척 더워서 부채질을 세게 했지만 소용이 없어.
이런 날씨에는 **밑 빠진 독에 물 붓기**야.

5월

15

일취월장

日 날 일 就 나아갈 취 月 달 월 將 장차 장

사자성어

나날이 다달이 자라거나 발전함.

활용 대화

수학에 자신이 없던 나에게 선생님께서는
매일 차근차근 수학을 알려 주셨어. 덕분에 수학 실력이
일취월장했지. 선생님, 감사합니다.

8월

17

과유불급

過 지나칠 과 猶 오히려 유 不 아닐 불 及 미칠 급

사자성어

과하면 모자라는 것만 못함.

활용 대화

짜장면에 고춧가루를 너무 많이 뿌리는 것 아니야?
과유불급이라고, 매워서 못 먹을 수 있으니 적당히 뿌려야 해.

오늘의 어휘는 **무슨 일이든 한쪽으로 치우치지 않는 것이 중요하다**고 강조한 공자님의 말에서 유래했어요.

5월

16

구슬이 서 말이라도 꿰어야 보배

속담

아무리 훌륭하고 좋은 것이라도 다듬고 정리하여
쓸모 있게 만들어 놓아야 값어치가 있음.

활용 대화

책을 많이 사 놓고 읽지 않으면 무슨 소용이야.
구슬이 서 말이라도 꿰어야 보배라고,
독서를 열심히 해서 문해력을 키우도록 하렴.

8월
16

개구리 올챙이 적 생각 못 한다

속담

형편이 나아진 사람이 예전의 어려웠던 때를 생각하지 못하고 잘난 체함.

활용 대화

껄껄, 어린 동생아!
아직 곱셈구구를 못 한단 말이야?
뭐라고? **개구리 올챙이 적 생각 못 한다고?**

5월 17

이를 갈다

관용어

몹시 화가 나거나 화를 참지 못하여 독한 마음을 먹고 벼름.

활용 대화

옆 반과의 축구 시합에서 아깝게
우리 반이 지고 말았어.
이를 갈면서 다음 시합을 준비하고 있지!

8월

15

빛을 보다

관용어

업적이나 보람 따위가 드러남.

오늘은 광복절이야. 빼앗긴 주권을 되찾으려 한 순국선열들의 노력이 **빛을 보게** 된 날이지.

광복절의 한자를 풀이하면 빛 광(光), 돌아올 복(復), 기념일 절(節)이에요. 즉 빛이 돌아온 날이라는 의미를 지닌 낱말이지요.

5월
18

지피지기

知알지 彼저피 知알지 己자기기

사자성어

적을 알고 나를 앎.

활용 대화 반 대항 피구 대회가 다가오고 있어. **지피지기**라면 백전백승이라고, 상대 팀과 우리 팀의 강점과 약점을 잘 알고 전략을 세우면 이길 수 있을 거야.

『손자병법』에 나온 **지피지기, 백전불태**에서 따온 말이에요.
'백전불태(百戰不殆)'는 백 번 싸워도 위험하지 않다는 뜻이랍니다.

8월

14

십중팔구

十 열 십 中 가운데 중 八 여덟 팔 九 아홉 구

사자성어

열 가운데 여덟이나 아홉 정도로
거의 대부분이거나 거의 틀림없음.

활용 대화

가장 좋아하는 수업이 뭐냐고?
우리나라 초등학생들은 **십중팔구**
체육 시간을 가장 좋아하지!
나도 그래.

5월

19

머리를 쥐어짜다

관용어

몹시 애를 써서 궁리함.

활용 대화

오늘은 발명의 날! 발명 대회에 출품할 발명품을 구상하고 있어. 그런데 아무리 **머리를 쥐어짜도** 도무지 좋은 아이디어가 떠오르지 않네.

8월 13

남의 잔치에 감 놓아라 배 놓아라 한다

속담

남의 일에 공연히 간섭하고 나섬.

활용 대화

다른 반 친구가 왜 우리 반 학예회 준비에 간섭하는 거야?
남의 잔치에 감 놓아라 배 놓아라 하는 셈이잖아.

오늘의 어휘처럼 남의 일에 참견하는 사람에게는 가만히 있으라는 뜻으로 **굿이나 보고 떡이나 먹지**라는 속담을 쓸 수 있어요.

임전무퇴

臨 임할 임 戰 싸울 전 無 없을 무 退 물러날 퇴

사자성어

전쟁에 나아가서 물러서지 않음.

누구를 상대하더라도 겁먹지 않고 끝까지 싸우는 **임전무퇴**의 정신으로 피구 시합을 하자!

임전무퇴는 옛날 신라 화랑들이 지켜야 했던 다섯 가지 규율 가운데 하나예요. **용맹한 정신**을 뜻한답니다.

8월

12

콧대가 높다

관용어

도도하여 상대를 우습게 여기거나
뽐내는 태도가 있음.

활용 대화

피구 시합 우승 반인 3반 아이들은
콧대가 높아. 피구를 못하는 반과는
앞으로 피구 시합을 하지 않겠대.

5월

21

담을 쌓다

관용어

서로 사귀던 사이를 끊음.
또는 관심이 없어 어떤 일을 전혀 하지 않음.

공부와 **담을 쌓았던** 상철이가 엄청나게
공부를 하고 있어. 쉬는 시간에도
친구들과 **담을 쌓고** 수학 문제만 풀더라니까.

8 월

11

새 발의 피

속담

아주 하찮은 일이나 매우 적은 양.

오랜 가뭄 끝에 소나기가 왔지만, 너무 적은 양이라서 **새 발의 피**야. 올해 할머니 댁 농사가 걱정이야.

오늘의 어휘는 사자성어로 **조족지혈(鳥足之血)**이라고 표현해요.

각양각색

各 각각 각 樣 모양 양 各 각각 각 色 빛 색

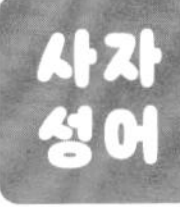

각기 다른 여러 가지 모양과 빛깔.

지구에 사는 **각양각색**의 생물을 보존하기 위해
국제연합(UN)에서는 매년 5월 22일을
'국제 생물 다양성의 날'로 지정했어.

비슷한말로 **가지각색**, **형형색색** 등이 있어요.

8월

10

갈수록 태산

속담

갈수록 더욱 어려운 지경에 처하게 되는 경우.

국어 시험을 보고 나니, 이어서 수학 시험이 기다리고 있어.
어휴, **갈수록 태산**이구나!

오늘의 어휘는 사자성어로 **거익태산(去益泰山)**이라고 표현해요.

5월

23

뛰는 놈 위에 나는 놈 있다

속담

아무리 재주가 뛰어나다 하더라도
그보다 더 뛰어난 사람이 있음.

활용 대화

나는 속담을 50개 외웠는데,
너는 100개나 외운다고?
뛰는 놈 위에 나는 놈 있다더니…!

눈에 밟히다

관용어

잊히지 않고 자꾸 눈에 떠오름.

건강이 안 좋아지신 할머니 얼굴이
눈에 밟혀서 자꾸 눈물이 나와.

5월 24

하룻강아지 범 무서운 줄 모른다

속담

철없이 함부로 덤비는 경우.

1학년 동생이 6학년인 나에게 사자성어 퀴즈 대결을 요청했어. 훗, **하룻강아지 범 무서운 줄 모른다**더니.

하룻강아지는 태어난 지 얼마 되지 않은 어린 강아지예요.

8월

08

고양이보고 반찬 가게 지켜 달란다

속담

믿을 수 없는 사람에게 소중한 물건을 맡겼다가는
도리어 잃게 될 뿐임.

활용 대화

동생에게 내가 아끼는 사탕 바구니를 맡기라고?
고양이보고 반찬 가게 지켜 달라는 것과 똑같지.
절대 그럴 수는 없어!

5월 25

티끌 모아 태산

속담

아무리 작은 것이라도 모이고 모이면
나중에 큰 것이 됨.

활용 대화

티끌 모아 태산이라고, 1학년 때부터 동전을 모아서 이제 저금통을 꽉 채웠어. 불우이웃 돕기 성금으로 기부하려고 해.

티끌은 작은 먼지를, **태산**은 높고 큰 산을 뜻해요.

8월

07

물에 빠진 사람 구해 주니 보따리 내놓으라 한다

속담

남에게 도움을 받았는데
그 고마움을 모르고 트집을 잡음.

활용 대화

상철이가 목마르다고 해서 아이스크림을 나눠 줬더니,
나 때문에 배탈이 났다고 화를 내더라.
이게 **물에 빠진 사람 구해 주니 보따리 내놓으라**는 상황인가!

5월
26

칠전팔기

七 일곱 칠 顚 넘어질 전 八 여덟 팔 起 일어날 기

사자성어

일곱 번 넘어져도 여덟 번 일어남.
즉, 실패를 거듭하여도 이에 굴하지 않고 계속 도전함.

활용 대화

사자성어 퀴즈 대결에서 계속 지고 있는 동생이 **칠전팔기**의 각오로 또 도전을 해 왔어. 훗, 도전을 받아 주지!

오늘의 어휘는 옛날에 한 장수가 **여러 번 거미줄을 치워 버려도 또다시 거미줄을 치는 거미를 보고서 큰 깨달음을 얻은 일화**에서 유래했어요.

8월
06

더위를 먹다

관용어

여름철에 더위 때문에 몸에 이상 증세가 생김.

활용 대화

땡볕에서 축구를 오래 했더니 더위를 먹었나 봐.
어지럽고, 머리가 아파.

5월

27

골탕을 먹다

관용어

한꺼번에 크게 손해를 입거나 곤란한 일을 당함.

활용 대화

누가 복도 바닥에 물을 뿌려 놓는 바람에 미끄러져 **골탕을 먹었지** 뭐야.

8월 05

가랑비에 옷 젖는 줄 모른다

속담

아무리 사소한 것이라도 그것이 거듭되면
무시하지 못할 정도로 크게 됨.

활용 대화

구부정한 자세로 책을 오래 읽었더니 목이 너무 아파.
가랑비에 옷 젖는 줄 모른다더니, 나도 모르는 사이에
거북목이 되었지 뭐야.

5월 28

무릎을 꿇다

관용어

항복하거나 굴복함.

상철이와 달리기 시합에서 지고 말았어.
크흑, 상철이에게 **무릎을 꿇게** 되었네.

8월 04

누워서 침 뱉기

속담

남을 해치려고 하다가 도리어 자기가 해를 입게 됨.

활용 대화

상철이를 넘어뜨리려고 발을 걸었는데, 오히려 상철이에게 발을 밟혔어. **누워서 침 뱉기**처럼 당했네!

비슷한말로 **자업자득**, **자승자박** 등이 있어요.

5월
29

발 뻗고 자다

관용어

마음 놓고 편히 잠.

활용 대화

내일 비가 오지 않는다는 일기예보를 듣고
발 뻗고 자게 되었어. 내일은 놀이공원으로
신나는 현장체험학습을 가는 날이거든.

8월

03

입에 달고 다니다

관용어

어떤 말 따위를 습관처럼 자주 사용함.
또는 먹을 것을 입에서 떼지 않고 지냄.

활용 대화

내 동생은 사탕을 달라는 말을 **입에 달고 다녀.**
그래서 늘 단걸 **입에 달고 다니다**가
충치가 생겨 고생하고 있어.

5월 30

일거양득

一 한 일 擧 들 거 兩 두 양(량) 得 얻을 득

사자성어

한 가지의 일로 두 가지의 이익을 얻음.

활용 대화

『옥이샘의 초등 문해력툰 365』로 어휘 공부를 하면 속담과 사자성어를 동시에 배울 수 있으니 **일거양득**이지. 아, 관용어까지 익힐 수 있으니 일거삼득인가? 하하!

비슷한말로 **일석이조**, **꿩 먹고 알 먹고** 등이 있어요.

8월 02

뒤로 넘어져도 코가 깨진다

속담

일이 안되려면 좋지 않은 일만 잇따라 생김.

활용 대화

배가 너무 고파서 식탁 위의 빵을 허겁지겁 먹다가 체했어.
그런데 또 빵이 상했는지 배탈까지 났어.
뒤로 넘어져도 코가 깨진다더니, 정말 운이 나쁜 하루야.

비슷한말로 **도둑을 맞으려면 개도 안 짖는다**라는 속담이 있어요.

5월

31

하늘이 무너져도 솟아날 구멍이 있다

속담

아무리 어려운 경우에 처하더라도
살아 나갈 방법이 생김.

비가 많이 오는데 우산을 가져오지 않아서 걱정이야.
앗, **하늘이 무너져도 솟아날 구멍이 있다**더니
저기 버려진 우산이 있네!

자라 보고 놀란 가슴 솥뚜껑 보고 놀란다

속담

어떤 사물에 몹시 놀란 사람은
비슷한 사물만 보아도 겁을 냄.

활용 대화

나는 바퀴벌레라면 질색이야! **자라 보고 놀란 가슴 솥뚜껑 보고 놀란다**고, 벽에 있는 까만 점만 봐도 깜짝 놀랄 정도라니까.

비슷한 속담으로 **더위 먹은 소 달만 보아도 헐떡인다**, **뜨거운 물에 덴 놈 숭늉 보고도 놀란다** 등이 있어요.

6월

8월

6월 01

금시초문

今 이제 금 時 때 시 初 처음 초 聞 들을 문

사자성어

바로 지금 처음으로 들음.

활용 대화

뭐? 오늘 급식에 랍스터 라면이 나온다고?
금시초문인데… 정말이야?

난생처음 듣는 이야기를 선뜻 믿기는 어렵겠죠?
오늘의 어휘는 이처럼 **의구심이 드는 경우에 주로 사용해요.**

7월

31

두문불출

杜막을두 門문문 不아닐불 出날출

사자성어

집에만 있고 바깥출입을 아니함.

활용대화

방학인데 어디 가지도 않고 집에서
두문불출하고 있는 동생이 걱정스러워.

조선 건국에 반대한 고려의 충신들이 **두문동에서 문을 닫고 나오지 않았던 일화**에서 유래한 말이라고 해요.

낮말은 새가 듣고 밤말은 쥐가 듣는다

아무도 안 듣는 데서라도 말조심을 해야 함.

친구와 한 비밀 약속을 다른 아이들도 알게 되었어.
역시 **낮말은 새가 듣고 밤말은 쥐가 듣는구나.**

7월

30

믿는 도끼에 발등 찍힌다

속담

잘되리라고 믿고 있던 일이 어긋남.
또는 믿었던 사람이 배신함.

활용 대화

내가 정말 자신 있었던 역사 골든벨 퀴즈에서
초반 탈락했어. **믿는 도끼에 발등 찍혔지** 뭐야.

6월 03

마이동풍

馬 말 마 耳 귀 이 東 동녘 동 風 바람 풍

사자성어

동풍이 말의 귀를 스쳐 지나감.
즉, 남의 말을 귀담아듣지 않고 흘려 버림.

활용 대화

과학실에서 선생님의 말씀을 **마이동풍**처럼
흘려들었다가 안전사고를 겪은 적이 있어.

비슷한 사자성어로 소의 귀에 글을 읽어 준다는 뜻의 **우이독경**이
있어요. 우리말 속담으로는 **쇠귀에 경 읽기**라고도 한답니다.

7월

29

호랑이도 제 말 하면 온다

속담

다른 사람에 관한 이야기를 하는데
공교롭게 그 사람이 나타남.

활용 대화

엄마와 좋아하는 가수 이야기를 나누고 있었는데,
그때 텔레비전에 그 가수가 나왔어.
우와, **호랑이도 제 말 하면 온다**더니!

6월 04

열 번 찍어 안 넘어가는 나무 없다

속담

꾸준히 노력하면 결국 뜻을 이룰 수 있음.

활용 대화

열 번 찍어 안 넘어가는 나무 없다는 말처럼
여러 번 시도한 끝에 드디어 멀리뛰기 신기록을 달성했어!

반대되는 의미를 지닌 말로 **오르지 못할 나무는 쳐다보지도 마라**라는 속담이 있다는 것, 기억하시죠?

7월
28

선무당이 사람 잡는다

속담

능력이 없는 사람이 함부로 하다가 큰일을 저지름.

활용 대화

몸이 아프면 병원에 가야지 왜 인터넷으로
검색해 보고만 있니? **선무당이 사람 잡는다**고,
의사 선생님의 정확한 진료를 받아 봐야지.

선무당은 서툴고 미숙해서 굿을 제대로 하지 못하는 무당을 말해요.

설상가상

雪 눈 설 上 위 상 加 더할 가 霜 서리 상

사자성어

눈 위에 다시 서리가 쌓임.
즉, 어려운 일이 겹치는 상황.

활용 대화

감기에 걸려서 목이 아프고 열이 나는데,
설상가상 배탈 증세까지 있어.

비슷한말로 **엎친 데 덮친다**라는 관용어가 있어요.

7월
27

꿩 대신 닭

속담

꼭 적당한 것이 없을 때 아쉽지만
그와 비슷한 것으로 대신하는 경우.

활용 대화

으악, 욕실에 샴푸가 떨어졌어!
그래서 **꿩 대신 닭**이라고,
샴푸 대신 비누로 머리를 감았지.

6월

06

마음에 두다

잊지 않고 마음속에 새겨 둠.

현충일은 나라를 위해 목숨을 바치신 분들을 기리는 날이야.
오늘은 그분들의 고귀한 희생을 **마음에 두고** 지내자.

현충일의 한자를 풀이하면 나타낼 현(顯), 충성 충(忠), 날 일(日)이에요. 즉, 충렬을 나타내는 날이라는 의미를 지닌 낱말이랍니다.

7월
26

귀가 번쩍 뜨이다

관용어

무척 그럴듯해 선뜻 마음이 끌림.

활용 대화

오늘의 급식에 치즈 돈가스가 나온다는 얘기를 듣고
귀가 번쩍 뜨였어.

귀가 솔깃하다라는 말도 오늘의 어휘와 같은 의미로 쓰여요.

6월 07

가는 말이 고와야 오는 말이 곱다

자기가 남에게 말이나 행동을 좋게 하여야
남도 자기에게 좋게 함.

친구에게 따뜻한 격려의 말을 했더니,
친구도 나에게 따뜻하게 대해 주었어.
역시 **가는 말이 고와야 오는 말이 곱구나!**

7월
25

물에 빠진 사람 지푸라기라도 잡는다

속담

위급한 상황에서는 작은 것이라도 의지하게 됨.

활용 대화

화장실에 휴지가 떨어진 걸 뒤늦게 알고, **물에 빠진 사람 지푸라기라도 잡는다**는 심정으로 동생을 소리쳐 불렀어.

비슷한말로 **벼락에는 바가지라도 쓴다**라는 속담이 있어요. 그만큼 다급하다는 뜻이겠죠?

6월 **08**

다다익선

多많을 다 多많을 다 益더할 익 善좋을 선

사자성어

많으면 많을수록 더욱 좋음.

활용 대화 오늘은 세계 해양의 날이야. 바다의 소중함을 일깨우기 위한 세계 각국의 관심과 노력은 **다다익선**이라고.

반대되는 의미를 지닌 말로 **과유불급**이 있어요.
지나치면 모자란 것만 못하다는 뜻이지요.

7월 24

세상을 떠나다

관용어

죽음을 맞이함.

활용 대화

전쟁 때문에 많은 사람들이 **세상을 떠나고** 있어.
세계 평화를 지키기 위해
우리가 할 수 있는 일은 무엇일까?

6월 09

가는 토끼 잡으려다 잡은 토끼 놓친다

속담

지나치게 욕심을 부리다가
이미 차지한 것까지 잃어버리게 됨.

활용 대화

새로운 친구를 많이 사귀고 싶어서 오래 사귄 옛 친구에게 소홀하면, 자칫 **가는 토끼 잡으려다 잡은 토끼 놓치는** 상황이 될 수 있어.

비슷한말로 **산토끼를 잡으려다가 집토끼를 놓친다**, **산돼지를 잡으려다가 집돼지까지 잃는다**라는 속담들이 있어요.

7월

23

줄행랑을 치다

관용어

피하여 도망감.

활용 대화

골목길에서 목줄이 풀린 개를 만나 **줄행랑을 쳤어!**
휴우… 겨우 도망쳤네.

줄행랑을 놓다, 줄행랑을 부르다라고 표현할 수도 있어요.
'줄행랑'은 '도망'을 이르는 말이에요.

관포지교

管 피리 관 鮑 절인 물고기 포 之 어조사 지 交 사귈 교

사자성어

친구 사이의 깊은 우정.

유치원 시절부터 친한 사이인 우리는
서로 **관포지교**의 관계라고 할 수 있어.

옛날 중국 제나라 사람이었던 **관중과 포숙아의 깊은 우정**에서
유래된 말이에요.

7 월

22

금상첨화

錦 비단 금 上 위 상 添 더할 첨 花 꽃 화

사자성어

비단 위에 꽃을 더함.
즉, 좋은 일에 또 좋은 일이 더하여짐.

활용 대화

가족들과 여행을 가는 날에 날씨까지 화창하다니.
정말 **금상첨화**로구나!

오늘의 어휘는 안 좋은 일에 안 좋은 일이 겹친다는 뜻의 **설상가상**과 서로 대비되는 의미를 지니고 있어요.

6월 11

머리에 서리가 앉다

관용어

머리가 희끗희끗하게 세다.
또는 늙다.

활용 대화

예전에는 잘 몰랐는데 지금 보니 어느새
엄마의 **머리에 서리가 앉아** 있더라고.
나를 키우느라 고생하시던 모습이 떠올라
나도 모르게 눈물이 났어.

7월

21 마른하늘에 날벼락

속담

뜻하지 아니한 상황에서 뜻밖에 입는 재난.

활용 대화

운동장을 걷다가 갑자기 날아온 축구공에 얼굴을 맞았어.
이게 무슨 **마른하늘에 날벼락**이람.

오늘의 어휘는 사자성어로 **청천벽력(青天霹靂)**이라고 표현해요.

6월 12

서당 개 삼 년이면 풍월을 읊는다

속담

무슨 일이든 오래 접하면
어느 정도의 지식과 경험을 갖추게 됨.

우리 엄마는 식당을 운영하셔. **서당 개 삼 년이면 풍월을 읊는다**는 말처럼, 엄마 일을 돕다 보니 나도 요리를 꽤 잘하게 되었어.

풍월을 읊는다는 자연의 아름다움을 노래한 시를 외운다는 말이에요.

7월 20

코웃음을 치다

관용어

남을 깔보고 비웃음.

배드민턴 선수인 상철이에게
배드민턴 시합을 하자고 도전하니,
상철이가 **코웃음을 치더라고.** 흐음…!

6월 13

오금이 저리다

관용어

무서워서 맥이 풀리고 마음이 위축됨.

활용 대화

놀이공원에서 제일 무서운 롤러코스터가 여기 있구나!
보기만 해도 **오금이 저리는걸.**

오금은 무릎의 뒤쪽을 가리키는 말이에요.

7월

19

학수고대

鶴 학 학 首 머리 수 苦 괴로울 고 待 기다릴 대

사자성어

학의 목처럼 목을 길게 빼고 간절히 기다림.

활용 대화

이번 여름방학에는 가족들과 바다 여행을 가기로 했어. 그래서 빨리 방학이 오기만을 **학수고대**하고 있어.

6월
14

기를 쓰다

관용어

있는 힘을 다함.

활용 대화

운동회에서 줄다리기 시합을 했어.
우리 반 모두가 구호를 외치면서
기를 쓰고 줄을 당겼지.

7월 18

콩 심은 데 콩 나고 팥 심은 데 팥 난다

속담

모든 일은 근본에 따라
거기에 걸맞은 결과가 나타남.

활용 대화

콩 심은 데 콩 나고 팥 심은 데 팥 난다는 말처럼
공부를 열심히 하면 시험 결과가 좋게 나오고,
공부를 소홀히 하면 시험 결과가 나쁘게 나와.

좋은 약은 입에 쓰다

속담

진심 어린 충고는 듣기 싫고 귀에 거슬릴 수 있지만,
결국 나에게 도움이 되고 이로움.

좋은 약은 입에 쓰다는 말이 있지. 그때는 친구의 충고가 듣기 싫었지만, 지금 되돌아보면 결국 나에게 도움이 되었어.

오늘의 어휘는 사자성어로 **양약고구(良藥苦口)**라고 표현해요.

7월 17

두말하면 잔소리

관용어

이미 말한 내용이 틀림없으므로
더 말할 필요가 없음.

활용 대화 오늘은 대한민국 헌법이 만들어진 것을 기념하는 제헌절이야. 헌법이 모든 법의 기초가 된다는 사실은 **두말하면 잔소리**지.

제헌절의 한자를 풀이하면 지을 제(制), 법 헌(憲), 기념일 절(節)이에요. 즉, 헌법이 제정된 기념일이라는 의미를 지닌 낱말이랍니다.

6월 16

좌충우돌

左 왼쪽 좌 衝 찌를 충 右 오른쪽 우 突 부딪힐 돌

사자성어

어떤 일에 계획 없이 이리저리 부딪히며 맞닥뜨림.

활용 대화

우리끼리 청소년 알뜰시장 축제를 열기로 했어.
좌충우돌하느라 고생도 많았지만
참 보람찬 경험이었지.

7월 16

이심전심

以 써 이 心 마음 심 傳 전할 전 心 마음 심

사자성어

마음과 마음으로 서로 뜻이 통함.

오늘 간식으로 무엇을 먹고 싶냐는
엄마의 물음에 내 동생과 나는 **이심전심**으로 통했어.
"치킨!"

6월 17

우왕좌왕

右 오른쪽 우 往 갈 왕 左 왼쪽 좌 往 갈 왕

사자성어

이리저리 왔다 갔다 하며
일이나 나아가는 방향을 잡지 못함.

활용 대화

얼마 전 전학을 와서 학교 가는 길이
잘 기억이 안 나더라고. 그래서 **우왕좌왕**하긴 했지만
결국 무사히 학교에 잘 도착했어.

7월

15

가는 날이 장날

속담

뜻하지 않은 일을 때마침 공교롭게 만남.
또는 뜻밖에 일이 잘 들어맞은 상황.

활용 대화

오늘 도서관에 갔는데 **가는 날이 장날**이라고
하필이면 휴관일이라서 문을 닫았어.

6월 18

무용지물

無 없을 무 用 쓸 용 之 어조사 지 物 만물 물

사자성어

아무 곳에도 쓸모없는 물건.

활용 대화

학교에 개인 물컵을 가지고 왔는데,
정수기에서 물이 나오지 않아.
애써 가져온 컵이 **무용지물**이 되어 버렸지 뭐야.

7월 14

한술 더 뜨다

관용어

한 걸음 더 나아가 엉뚱한 짓을 함.
또는 미리 헤아려 대처할 계획을 세움.

활용 대화 나는 콧구멍으로 리코더를 불 수 있어. 그런데 내 동생은 **한술 더 떠서** 콧구멍으로 풍선도 불 수 있지 뭐야.

한술은 숟가락으로 한 번 뜬 음식이라는 뜻으로,
적은 음식을 이르는 말이에요.

각골난망

刻 새길 각 骨 뼈 골 難 어려울 난 忘 잊을 망

사자성어

은혜를 받은 고마움이 뼈에 깊이 새겨져 잊히지 않음.

활용 대화

전학을 와서 외롭고 힘들었는데, 담임 선생님께서 세심하게 신경 써 주셔서 금방 적응할 수 있었어. 선생님의 은혜는 **각골난망**할 거야.

비슷한말로 **백골난망(白骨難忘)**이 있어요. 죽어서 백골이 되어도 그 은혜를 잊을 수 없다는 뜻이에요.

7월
13

쇠뿔도 단김에 빼라

속담

어떤 일이든지 하려고 생각했을 때
망설이지 말고 행동으로 옮겨야 함.

활용 대화

쇠뿔도 단김에 빼라는 말처럼, 우리가 환경보호 동아리를 만든 김에 바로 캠페인 활동을 시작해 볼까?

소의 뿔을 뽑으려면 불로 달구어 놓은 김에 해치워야 한다는 뜻에서 유래한 말이에요. **단김**은 달아올라 뜨거운 김을 말해요.

6월 20

누구 코에 붙이겠는가

관용어

여러 사람에게 나누어 주어야 할 물건이 너무 적음.

활용 대화

치킨 한 마리를 시켰더니 양이 너무 적어. 우리 가족은 다섯 명이나 되는데 이걸 **누구 코에 붙이겠어?**

누구 코에 바르겠는가라고 표현할 수도 있어요.

7월

12

같은 값이면 다홍치마

속담

값이 같거나 같은 노력을 한다면
품질이 좋은 것을 택함.

활용 대화

같은 값이면 다홍치마라고, 이왕이면 가격도 싸고
맛도 좋은 떡볶이집으로 가자.

다홍치마는 짙은 붉은색 치마로 조선 시대에는
특별한 날에만 입을 수 있는 옷이었어요.

6월

21

말이 씨가 된다

속담

늘 말하던 것이 마침내 사실대로 됨.

활용 대화

학급 회장이 되고 싶다고 늘 말하고 다녔거든.
그런데 **말이 씨가 된다**고, 올해 학급 회장 선거에서
내가 당선되었어!

7월 11

간이 크다

관용어

겁이 없고 매우 대담함.

무서운 공포 영화를 혼자 보다니…
너는 정말 **간이 크구나!**

간이 작다는 오늘의 어휘와 반대되는 의미를 지녀요. 또 너무 지나치게 대담함을 이르는 어휘로 **간이 붓다**라는 말도 있어요.

6월

22

심사숙고

深 깊을 심 思 생각 사 熟 익을 숙 考 상고할 고

사자성어

깊이 잘 생각함.

활용 대화

반려동물을 키운다는 것은 큰 책임감이 따르는 일이야.
심사숙고해서 결정하렴.

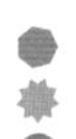

7 월

10

침소봉대

針 바늘 침 小 작을 소 棒 몽둥이 봉 大 큰 대

사자성어

바늘처럼 작은 일을 몽둥이처럼 크게 부풀려 떠벌림.

활용 대화

나는 방귀를 뀌었을 뿐인데
이게 **침소봉대**처럼 점점 크게 부풀려져서,
나중에는 내가 똥 싼 아이로 소문이 났어!

6월 23

머리털이 곤두서다

관용어

무섭거나 놀라서 마음이 날카롭게 긴장됨.

활용 대화

으악, 정말 무서워! 으스스한 공포 영화를 보면, **머리털이 곤두선다**고!

7월 09

금강산도 식후경

속담

아무리 재미있는 일이라도
배가 부르고 난 뒤에야 흥이 남.

활용 대화

드디어 놀이공원에 도착했어. 놀이 기구를 타기 전에
우선 뭘 좀 먹자. **금강산도 식후경**이잖아.

옛날부터 **금강산**은 아름다운 풍경으로 인기가 많은 관광지였지요.
지금은 남북 분단으로 찾아가기 힘든 곳이 되어 버렸어요.

6월
24

바늘 가는 데 실 간다

속담

바늘이 가는 데 실이 항상 뒤따름.
즉, 사람 사이의 긴밀한 관계를 뜻함.

바늘 가는 데 실 간다는 말처럼 단짝 친구인
연우와 나는 항상 붙어 다니지.

비슷한 속담으로 **구름 갈 제 비가 간다**, **용 가는 데 구름 간다** 등이
있어요.

7월 08

김이 식다

관용어

재미나 의욕이 없어짐.

활용 대화

스마트폰 게임도 이제는 **김이 식었어.**
친구들과 놀이터에서 놀거나 공을 차는 것이
훨씬 더 재미있어.

6월 25

삼고초려

三 석 삼 顧 돌아볼 고 草 풀 초 廬 오두막 려

사자성어

인재를 맞아들이기 위해 정성을 다하는 모습.

활용 대화

역시 이번 학예회 공연에는 우리 반에서 춤을 제일 잘 추는 네가 꼭 필요해. 그래서 **삼고초려**의 자세로 다시 찾아왔어.

『삼국지』에서 유비는 **제갈량의 초가집을 세 번 찾아간 끝**에 자신의 편으로 삼게 되지요. 오늘의 어휘는 여기서 유래된 말이랍니다.

7월

07

청출어람

靑푸를 청 出날 출 於어조사 어 藍쪽 람

사자성어

쪽에서 뽑아낸 푸른 물감이 쪽보다 더 푸름.
즉, 제자가 스승보다 더 나음.

활용 대화

언니가 나에게 공기놀이를 알려 주었는데
지금은 내가 더 잘해. 에헴, **청출어람**이라고 할 수 있지!

어휘의 뜻풀이에 나타난 **쪽**은 염료로도 쓰이는 식물을 가리켜요.
짙은 푸른빛이란 뜻을 지닌 **쪽빛**이라는 낱말도 있지요.

빛을 발하다

관용어

제 능력이나 값어치를 드러냄.

활용 대화

열심히 줄넘기 연습을 했더니 드디어 **빛을 발했어**.
우리 학교 줄넘기왕이 되었거든!

7월

06

땅 짚고 헤엄치기

속담

아주 하기 쉬운 일.

수학 공식을 외우는 것은 어렵지만,
오늘의 급식 식단표를 외우는 것은 **땅 짚고 헤엄치기**지!

비슷한 속담으로 **누워서 떡 먹기**, **식은 죽 먹기** 등이 있어요.

소 뒷걸음질 치다 쥐 잡기

속담

우연히 행운을 얻게 됨.

아무 생각 없이 축구공을 멀리 찼는데,
그게 상대편 골대로 그대로 들어가서 득점을 했어.
이게 **소 뒷걸음질 치다 쥐 잡기** 한 셈인가!

7월

05

쇠귀에 경 읽기

속담

아무리 가르치고 일러 주어도 알아듣지 못함.

활용 대화

아직 1학년인 동생에게 분수 계산은 무리야.
아무리 알려 줘도 **쇠귀에 경 읽기**라니까.

6월
28

배은망덕

背 배반할 배 恩 은혜 은 忘 잊을 망 德 덕 덕

사자성어

남에게 입은 은혜를 잊고 배신함.

활용 대화

크흑, 동생에게 그렇게 잘해 줬는데
아이스크림을 혼자 먹다니…
배은망덕하구나!

7월

04

형설지공

螢 반딧불이 형 雪 눈 설 之 어조사 지 功 공 공

사자성어

고생을 하면서 부지런하고 꾸준하게 공부하는 자세.

어려운 환경 속에서도 책을 놓지 않고, **형설지공**으로 노력하여 세상에 도움을 준 위인들의 이야기는 늘 감동적이야.

가난한 사람이 반딧불을 모아 그 불빛으로 글을 읽고, 겨울밤에는 눈에 반사된 빛으로 공부했다는 옛이야기들에서 유래한 말이에요.

손이 맵다

관용어

손으로 슬쩍 때려도 몹시 아픔.

활용 대화

동생의 아이스크림을 뺏어 먹다가
등짝을 살짝 맞았는데, 동생 **손이 맵구나!**
으악, 아프다고!

7월

03

될성부른 나무는 떡잎부터 알아본다

속담

잘될 사람은 어려서부터 남달리 장래성이 엿보임.

활용 대화

내 동생은 이제 1학년인데 사자성어를 100개나 외워.
될성부른 나무는 떡잎부터 알아본다고,
동생은 앞으로 훌륭한 학자가 될 것 같아!

될성부르다는 잘될 가망이 있어 보인다는 뜻을 지닌 낱말이에요.

6월
30

윗물이 맑아야 아랫물이 맑다

속담

윗사람이 바른 행동을 해야 아랫사람도 바르게 행동함.

활용 대화

윗물이 맑아야 아랫물이 맑다라는 말이 있듯이,
6학년 선배들이 모범을 보여야 후배들도 본받아서
바른 생활을 하지.

7월

02

수박 겉 핥기

속담

사물의 속 내용은 모르고 겉만 건드림.

활용 대화

책이 두꺼워서 읽지 못하고 어쩔 수 없이
수박 겉 핥기처럼 요약한 줄거리만 읽어 봤어.

7월

7 월

01

사실무근

事 일 사 實 열매 실 無 없을 무 根 뿌리 근

사자성어

근거가 없음.
또는 터무니없음.

요즘 학교에 내가 방귀쟁이라는 소문이 돌던데,
그건 **사실무근**이야! 앗, 뿌웅~!